寻味中国：大食会

蔡澜／著

青岛出版社
QINGDAO PUBLISHING HOUSE

图书在版编目（CIP）数据

寻味中国：大食会 / 蔡澜著. – 青岛：青岛出版社, 2018.2
（蔡澜寻味世界系列）
ISBN 978-7-5552-6773-7
Ⅰ. ①寻… Ⅱ. ①蔡… Ⅲ. ①饮食—文化—中国 Ⅳ. ①TS971.202
中国版本图书馆CIP数据核字(2018)第025963号

书　　名　寻味中国：大食会
著　　者　蔡　澜
出版发行　青岛出版社
社　　址　青岛市海尔路182号（266061）
本社网址　http://www.qdpub.com
邮购电话　13335059110　0532-68068026
选题策划　刘海波
责任编辑　贺　林
特约编辑　梦太奇
插　　画　苏美璐
设计制作　任珊珊　张　骏
制　　版　青岛帝娇文化传播有限公司
印　　刷　青岛名扬数码印刷有限责任公司
出版日期　2018年7月第1版　2018年7月第1次印刷
开　　本　32开（890毫米×1240毫米）
印　　张　8.75
字　　数　200千
图　　数　50幅
印　　数　1-10000
书　　号　ISBN 978-7-5552-6773-7
定　　价　45.00元

编校质量、盗版监督服务电话　4006532017　0532-68068638
建议陈列类别：生活类　饮食文化类

目 录

第一章 粤味风情

第二章 京韵悠长

第三章 沪上味道

第四章 鲁菜寻踪

第五章 川渝争锋

第六章 闽菜传承

第七章 江浙吃鲜

第八章 南北寻味

第九章 且歌且行

第一章

粤味风情

广州酒家

到老字号，总比去新派酒家好。这次来广州，去的是历史悠久的广州酒家。

广州酒家装修得美轮美奂，四边厅房，中间一个大天井，从楼下望上去，像李翰祥电影里的布景。

我是临时决定去喝早茶的。友人之前来电话，说星期日要在广州酒家找位子，难如登天。

老总先生很给面子，亲自来迎。我们走进一间很大的厅房，几样精美的点心即刻上桌。

第一个入眼的是荷叶饭，用绿色的新鲜荷叶包裹着，在香港吃不到。白米饭一粒粒的，略带碧绿，吃起来一点油也没有，是高手的烹调技巧。

灌汤饺也名副其实地“灌汤”，装在蒸笼中端上来的，不像“改良”的，浮在汤中“游泳”。

一碟排骨接着上来，用筷子夹了一块，肉包骨，绝对不是乱七八糟的部分。一看，碟底还铺着苦瓜片。

虾饺、烧卖、叉烧包继之，都是内地的点心，并不花巧，但是吃起来碟碟原汁原味。一般香港客可能觉得并无新意，但懂得欣赏的就会赞叹，原来这才叫点心。

地方够大，可以带一百多个团友来这儿吃一吃。老总说，下次我来，他会做一桌点心宴，保准能试到“濒临绝种”的食物。

店也办“满汉精选”，吃两天六餐。不是“满汉全席”吗？经理解释：猴脑、熊掌等已不入宴了，所以不叫“全席”，叫“精选”。

还有一种叫“黄金宴”的，专吃珍贵东西，但是谁没试过？对“五朝宴”，我反而大感兴趣：将唐、宋、元、明、清的名菜复制出来，不知味道如何。等我试过满意了，再带各位前往。

新兴饭店

我又到广州公干。乘九点四十分的直通车，一下子抵达。

在友人介绍的一家湖南菜馆吃午饭，店主坚持请客，我坚持付账。我说吃得好的话，下次让他请。结果当然没有下次。

事谈完，晚上到新兴饭店吃，这是广州做羊肉菜品做得最好的一家。当晚的菜谱如下：鲜扣顶羊鲍、羊肉鱼翅佛跳墙、羊腩极鲜煲、炭烧羊腿、玫瑰干迫乳羊、捞起羊耳、秘制羊腩煲、咸香羊骨粥和羊肉煎饺。

爱吃羊肉的人可发达了。最先上桌的是羊腿，骨头上的肉不多。我们把每一根都啃得干干净净，美味！大师傅走出来一看，高兴得很，自喝三杯庆祝。

鲜扣顶羊鲍，用珍贵的鲍鱼，当然要去扣整只羊最珍贵的颈项部分的肉。羊颈肉实在精彩，剩下很多鲍鱼反而没人举筷。

羊肉鱼翅佛跳墙又是名贵菜，每人一盅，要是能吃完这盅佛跳墙，其他什么东西就都不必碰了。结果大家只喝炖出来的汤，汤是很甜的。

玫瑰干迫乳羊把肉质最柔软的小羊斩成小圆球状，以玫瑰露炆之。这道菜很受欢迎。

羊腩极鲜煲是用鲫鱼和羊腩煲汤，当然鲜。

猪耳吃得多，羊耳倒是新奇。羊耳和猪耳边最细小的部分差不多，但因为没吃过，众人也都赞好。

咸香羊骨粥是把羊骨烧烤之后煮粥，一煲就是五个小时，味道全出来了，精彩绝伦。

羊肉煎饺也够“羊味”。大家吃得意犹未尽，再来一客蒸的：用虾饺的做法，皮半透明，好吃。

这次，不得不破例，让老板李氏兄弟请客。

大同酒家

我在广州的大同酒家办宴席。

“什么地方不好去？”友人说，“那种国营的餐厅已经失去水准，而且服务一定很差。”

我不同意，老字号才有“三斤铁”。服务是一种互相尊重的事，只要忍一忍，大家客气交谈，服务方绝对不再板着脸。

自己和同事先去“大同”数次，向老师傅请教：儿时吃的菜，还记得哪几种？老师傅讲了一个名字和做法。“啊，很好呀，还做得出吗？”“当然可以试试。”

就那么试了又试，试出失传的菜式。

一共弄出了十八道菜：桂花札和鸭札拼盘、宝玉藏奇珍、白雪生虾仁、玉簪田鸡腿、脆皮鸡、五彩水鱼丝、瑶柱霸王花、姜芽香扣肉、味菜猪大肠、玉树鱼仙岛、银鱼戏春水、绿生天鹅、蔬菜素饺、猪脚姜醋、芋上瑶柱、娥姐粉果、生磨芝麻糕、果仁叶果。

单单举一种桂花札吧！是将鹅肠切开铺平，内加一层很薄的肥猪肉，再放一条猪肝，卷起来，烤香后切片。上桌时用筷子夹起一块，肥猪肉已经烘得透明，油尽去；吃进嘴，满口汁。天下美味之一！

大家吃了都很满意，只有一位老先生说：“‘大同’食物，大不如前。”

我当然同意他的看法。他幸福，他吃过，我们却是第一次吃到这种在香港少见的菜，已经觉得很不错了。

“大同”开在江边长堤上，室内已装修再装修，但从窗口看出去，风景还同旧时一般美丽。

雅苑餐厅

我很怕应酬，更不喜欢广州所谓的“港式”海鲜酒家，吃来吃去都是鲍参翅肚，看了就怕。

到了晚上，约几个谈得来的朋友，去一家家庭式的菜馆，名叫雅苑餐厅。

“雅苑”卖的基本都是潮州小炒，但已经广东化了，和粤菜差不多，但在广州已算难得。

这里的菜都是小小碟的，多来几款也照样吃得完。

白灼双连把牛的胃片得很薄，许多客人都叫这道菜，我们也来一碟试试。吃罢觉得肉很硬，没有想象中那么脆。如果酱油中不加点糖和味精，更是无味。

腊肉粉丝中加了大量的松子仁，这道菜还算惹味（编者按：即味道出众），一下子被我们吃光。

咸鱼蒸鱼腩用的是鲩鱼腩，和马友一起蒸。这道菜我们在香港常叫餐厅做，用的是海鱼，较鲜。友人徐胜鹤叫它“生死恋”：生的是活鱼，死的是咸鱼。

美酒猪腰做得一点异味也没有。猪腰一向难于处理，尤其是冻过的话，做出的菜更不能接受。这里做的猪腰姜味很重，酒也下得够。大家举筷，一下子空碟。

枝竹云耳是斋菜，我们都是食肉兽，吃了一点就停下。

西红柿鸡蛋炒牛肉最像妈妈炒的，牛肉已剁碎，不太硬。

咸鱼饭里的咸鱼下得不够，不满意，再来一煲咸蛋油盐饭。这才是精彩绝伦。看起来很普通的饭，下的配料只是咸鸭蛋蛋黄，蛋白弃之。吃进口中，咸淡适中。这道菜可以“偷师”，下次拿来表演表演，做给大家吃。

白天鹅宾馆

我现在正在广州白天鹅宾馆的黑色大理石书桌前写这篇东西，此时是清晨四时。愈来愈爱这家旅馆，认为它是全广州最好的。

从香港到广州直通车的广州站乘车过来，不堵车的话不会超过二十分钟，从白云机场过来也是同样时间。白天鹅宾馆位于建筑物古典优雅的沙面岛——从前的使馆区，街道上种满巨大的榕树。虽然没有上海淮海路的繁华，但绝对是大都市的格调，在其他地方较为罕见。

大堂宏伟，中西式装修调和，一共有一千间左右的房间，员工两千人。我住的这间小套房，对外国很多五星级旅馆来说已算是大套房。套间内设备齐全，大理石铺地，一打开窗帘就能看见珠江。

旅馆每层楼面走廊都站着两名女招待，她们一看到客人从房门出来即帮按电梯。其中一个还负责打扫，房一空，即刻整理，加毛巾、浴室用品，务求做到客人每次进房都像刚刚登记入住 一样。

酒吧柜上摆着咖啡、红茶、普洱、香片和龙井各两包。我一向自备茶叶，喜见有电水壶，可烧水沏之。带去的茶盅没派上用场，这里茶具俱全。

这里有很多间中西式餐厅和酒吧，日本菜也有。二楼的食府有六百个座位，一大早来这里饮茶，茶客们都说这里的点心是全市最好的。江边的花园餐厅虽比不上曼谷东方酒店，但也不错。

通宵有房间服务，菜单并不单调，有韩国烩牛尾、海南鸡饭、印度咖喱羊肉、云吞、炒米粉、日式烧鸡串、海鲜乌冬以及各国炒饭和鲍鱼鸡球粥等。如果不喜欢吃酒店的东西，一走出去就有好几家海鲜馆，如侨美和新荔枝湾，营业至深夜。

任何时间在周围的街道散步，都很安全。由窗口俯望珠江，原来酒店前面就是旧时花艇集中之地，好似听到歌伎们的声音。

老 房 间

广州的白天鹅宾馆已成为我每次去广州的必居之所。对老顾客，他们都有个记录。像我喜欢的那间 2018 号房，除非有别的客人连住几天，不然一定会留给我。

2018 号房是个小套间，一房一厅，两个洗手间。窗外望珠江，由黑夜看到黎明，船只穿梭，景色让人百看不厌。

壁上挂着树林题材的画，几只可爱的小麻雀排在一起，脚抓树枝，非常清新。

早晨在沙滩散步，更见民生之朴实。大家耍耍拳、打打羽毛球，住在这儿，能多活几年。

宾馆对面有几家餐厅营业到很晚。“侨美”的小食很美味，尤其是他们供应的煮花生，是我吃过的当中最好的，可以一连来个三四碟。食后屁放个不停，也不介意。

走远一点，可到清平菜市场和药草街。药草街里的中药材可说应有尽有。至于货的真假，那要看你的经验和眼光，不然的话还是在你熟悉的药房买好了，别充专家。

每朝在“白天鹅”的餐厅饮茶，也是我的习惯了，因为试过市中数家，都没有这里好。

丘师傅笑脸迎人，他做点心最有把握，又爱创新菜式，这儿的出品都是第一流的。

你去光顾的话，先点一笼烧卖好了，一咬，即会发现肉不是磨碎机中打出来的，而是手剁的。一粒粒的肉丁，清清楚楚，肉质鲜美弹牙（编者按：即爽口，口感很好），在香港很少能吃到那么高水准的。

旁边有一个档口（编者按：即做小生意的铺位），你可以走过去看，点你喜欢的，但水饺一定要试。他们做的水饺肥肥胖胖的，肉味十足。

麦皮叉烧包用面包式的包装，也是我最喜欢的点心之一。伦教糕是甜品，我不爱吃甜的，但这儿做的我就能接受，也是值得推荐的。

“白天鹅”房费丰俭由人，最好在网上订好再去，物有所值，不会令人失望。

失　　传

住广州“白天鹅”，一大早没见到报纸从门缝塞入，以为挂在门栓上了，打开一看，没有。

等到八九点，再找数次，仍不见有报纸送来。打听一下，原来《文汇报》到十一点才有。

“但是当地报纸呢？”我问，“不会那么迟吧？”

等不及，跑到对面的便利店。原来《广州日报》《南方日报》等都要八点多才面市。

恍然大悟，原来广州人不是一早就看报纸的。可见，他们的生活悠闲，不像香港那么紧张，没人一大早就徘徊在报摊等着购买。但是话说回来，很多香港人着急看报纸，看的也只是“马经”罢了。

因为要写一篇关于美食节的文章，所以想从报纸上找些数字和数据。如果想早一点看到报纸，有什么地方好过去茶楼呢？

即刻走进大堂后面的中餐厅。中餐厅里已挤满客人，见一长者独自阅报，打了声招呼，借来看看。

顺便叫了两三样点心。长者介绍：“这里的水饺不错。”

要了一碗，一看就知道好吃，包得肥肥胖胖的，虾肉透红，皮厚薄恰好。吃了一粒，一如长者所说：不错。

饮食副总监余立富赶来做伴，他、长者与我三人聊起“吃”来，没完没了。原来长者是这里的常客，三十年来风雨不改，天天九点钟登场。余先生笑说：“他在白天鹅宾馆有股份。”

点心总厨也来了，叫了叉烧酥给我试。我本已吃不下，勉为其难说只吃一个。上桌一看，以西饼方式焗成酥皮，貌美，咬一口，大叹“好吃，好吃”，连吃三个。

“下次弄些你小孩子时候的东西给我吃。”我向大师傅说。他很有把握地点头，不过声明材料已变，可能做得不完美。我说没问题，期待那些失传的美食。

鸡大饭店

在广州开签售会时，一位女士气喘吁吁地最后赶到。我习惯性地问："你是干什么的？"

"我做鸡。"她回答。

大家都笑了。

亮出名片，原来她是开鸡餐厅的，店名叫"鸡"，地点在番禺。我跟她说，去番禺时会去她那儿吃东西。这回恰好要去番禺做宣传活动，答应的事一定要做，迟早的问题，便和出版社的一班同事驱车前往。

店开在公路旁的一列铺子中，比想象中大，有三层楼，外面广阔的停车场泊满了车。

读友再见到我很高兴，迎我进入二楼的一间房中。房间布置简单，但很干净。壁上镶入铁板，用磁石夹住数张未完成的国画，旁边还有颜料笔墨，原来这里也可以当画室。她的先生是位业余画家，一有空就和大师级的友人学习绘画，以美食来代替学费。

主人为我们点好了十几道菜，以鸡为主。

第一道上桌的是咸鸡，腌制过的肉，很干，吃进口却又香又咸又甜。咦，莫不是清远鸡？

“已经不是很纯的种。下次你们来，早点通知，我可以找到一只养了两百多天的，最好吃。”她坦白地告诉我们。

接下来是这家的招牌菜“家乡红葱头蒸鸡”，用一个铁盘盛斩件的鸡肉，加入大量的红葱头，即叫即蒸即上，真是吃得我们停不下筷子。

酒鸡汤是用未生的小卵和鸡肠熬成的，其他多道鸡料理已记不清楚做法了。

鸡之外，还有芋泥、鱼和小螺肉混合蒸炒出来的菜，很特别，但腻，不能多吃。

甜品姜汁撞奶也做得极佳。

吃到最后，读友坚持请客。我很少让人那么做，今次破例。不管谁付钱，我都要免费宣传一番。

放　舟

“那时候，我们夜夜笙歌。”冯康侯老师曾跟我说，“乘珠江上的花艇，每一道菜都是那么精致，连水果也不是水果。”

“什么？”我们惊讶，“水果不是水果？”

“是的。”老师说，“水果是用糕点做的，样子像水果罢了。”

当然不是泰国的那种，应该很好吃。

我对珠江的花艇，有无限的向往。

香港油麻地海边有过一阵子，避风塘的也维持了甚久，都是抄袭昔日的珠江花艇，俱往矣。

从白天鹅宾馆的窗口望出去便是珠江。广州人说，当年的花艇就停泊在这儿。

一下子想到老师和他的友人在船上喝三星白兰地，多年的陈酿，醇过 EXTRA（“特别的”，陈化期超过 30 年的葡萄酒白兰地）。

艇上的夜宴和岸边的餐厅完全是两码事，船摇摇晃晃，有些人不喜欢，但我认为是助人入醉的享受。

要不然，古人就不会在船上吃东西了。他们设宴的地方，一定是自有道理的。“簪组交映，歌笑间发。前水嬉而后妓乐，左笔砚而右壶觞”，写的就是这种境界。

以前去广州，印象奇差：车站旁边挤满了外地人，什么事都不做；交通阻塞，由一地到另一地至少浪费半小时。

现在情况都改善了，大城市风范展露无遗。广州实在是个好地方。政府投入大量资金，把珠江边的树都用绿色灯光照亮了，但行人反而稀少了。

如果用这笔钱去把码头做好，引商人来投资花艇，即刻能创出另一个旅游点，何乐而不为？相信这是迟早的事。环保友人又有话说了：“食客把废物扔入江中，江水又成臭水了。”

人们的生活质素提高了，当然会自律，不必顾虑那么多，先做了再说。到时你我作乐，请李白、苏东坡、刘禹锡作陪，不亦乐乎。

洞庭鱼头王

要在那么多间餐厅的菜中选出有特色的，也不是容易的事。问在广州编辑杂志《饮食之旅》的友人，听说有个“大鱼头”。

大鱼头哪儿没吃过？多数是把鱼头蒸了，再铺上大量的辣椒算数。这两种东西根本不混入味，没什么吃头。

友人带我去的是一家叫“洞庭鱼头王”的湖南菜馆。先上了一道原汁血鸭。这道菜将一斤重的小野鸭斩件，鸭骨多过肉，用鸭血慢火焖之，又加辣，吃时细嚼其骨，不错不错。

接下来的干烧牛肉就嫌硬了，但是年轻人牙力好，用它来伴白酒，是道好菜。

干锅臭豆腐鸭掌，是整个铁锅上桌的。鸭掌固佳，但印象更深的是湖南的臭豆腐。一块块黑色的臭豆腐，比鸭掌更好吃，但其臭味没有上海人的毛豆蒸臭豆腐那么剧烈。

蔬菜有新鲜的雪里蕻，这道菜香港人就少有机会吃得到了。

更难得的是用高粱做的粿，有阵阵小米的气味，值得一试。

这时，主角登场。五斤重的一个鱼头，装在一个大碟之中，足足有个小西瓜那么大，热腾腾、红辣辣地上桌，先声夺人。

选用的是洞庭湖天然生长的雄鱼，佐以剁黄辣椒、红辣椒和浏阳的豆豉，先用大量的姜片去腥，然后和各种香料混合，煮约三十分钟至完全入味。吃的时候，先把鱼头两瓣尖端的角唇吃了，再来吃鱼的脑，躲在骨头中的髓用根吸管噬之。原以为，那么大的一个鱼头一定吃不完，哪知愈吃愈辣愈过瘾，一下子吃光。剩下大量汤汁也没浪费，将下好的面放进去捞，精彩万分，绝对不是普通的饭店能吃得到的。

智　　慧

又去珠江三角洲吃河鲜。餐厅老板告诉我："功利社会已经直接影响到人民的生活。"

"这话怎么说？"我问。

他解释："像你在街市中看到的水鱼，都是灌了水的。从屁股插进水管，拼命灌水进去，本来一只瘦水鱼，忽然就变了'肥仔水鱼'。"

"为什么这么骗人？"

"酒楼老板吩咐伙计运作时买最便宜的，小贩们不灌水就要卖高价，竞争不过隔壁那一档灌水的，最后大家一起灌水。"

"我在香港也听过灌水牛肉。"我说。

"哈，牛肉当然灌，用一管高压水泵，从脊髓灌进去，水分布到每一根血管，所有的肉，无处不是水。厨房大师傅被搞得糊涂，打山竹牛肉时，怎么打都是稀稀烂烂的。"他笑说，"后来明白了，不加水才打得成。”

看见铁笼里的蛇，都一动不动。

老板说：“它不是冬眠，也都是灌了水。你没看到都像棍子那么胖吗？灌得连眼睛都凸了出来，瞪着你。这种货，买回来当天就要杀，卖不出去，隔日就死。”

“死蛇也卖？”我不相信。

“路边那些小店，生意难做，当然卖死东西。熟客来了，他们还说看老友的面子上，选条特别新鲜的呢。”

我叹了口气，转个话题：“珠江三角洲的河鲜，怎么运到香港还活生生的呢？”

“我跟过船，才知道。”老板说，“船舱中养鱼那部分有几个洞，河水流进来又流出去，是个天然的池子。”

“船不会因为有个洞而沉吗？”我问。

“只是小部分的水箱，不会沉。到了出海的地方，把洞封掉，就那么运到香港。”

感叹中国人的智慧，要是都能用在好的方面上就更好了。

广州大食会

这次去广州，主要对吃消夜的餐厅还是不满意，想找一家更好的。

九月中，我将带老友去吃东西。他们都是参加过我海外旅行团的旧团友，为答谢大家，团费只收回成本价。

一行人从香港出发，抵广州时正好是午饭时间，走到沙河去吃沙河粉，再入住白天鹅宾馆。

晚饭在广州酒家吃“五朝宴”。休息之后，再去另一间老字号——莲香楼，吃消夜。

有些朋友嫌老店都是国营店，怕有失水准，但我一向说“烂船也有三斤铁”，一定可以找出一些怀旧的佳肴。广州酒家布置得富丽堂皇，绝不逊私人开的会所，颠覆了人们对国营酒店的印象。莲香楼有几道菜非常出色。像这次去吃到的炸莲藕，看起来只有一块小月饼般大，莲藕洞中塞满了肉。整块莲藕有什么好吃的？

咬一口，才知道莲藕只是薄薄的上下两片，中间都是肉馅。平凡之中，手艺高超。还有他们的汤羹，铺在碗底的是一片迷你新鲜荷叶，喝了即刻知道绝对不含味精，原汁原味。

第二天一大早，登白云山饮茶，俯观整个广州城。用九龙泉的泉水做的布拉肠粉和各种点心，非一般茶楼能吃得到的。

午餐找到了新兴饭店，吃全羊宴。不能接受羊膻味的朋友则另设一桌美肴，为他们尤感可惜。吃完回香港。

上次写过广州酒家，有位读者还以为我要带人去吃猴脑，不以为然。其实，我再三声明，野味并非我所好，不如每天都可见到的鸡猪牛羊。肉类中，羊肉才是最高境界。很多人都和我一样，是个“羊痴”。这次把羊肉宴排在最后一顿，算是个高潮。

水　乡　居

澳门的侯先生对我说，我带他去吃了那么多的好食物，希望也能招待我一次。中山是他最熟悉的，有一家好餐厅。吃饭的兴趣我当然有，就是没时间，这次抛开一切，跟他走。

从广州到中山，一百二十公里，一个多小时的车程。“水乡居”环境幽雅古朴，像出自古装片。

“乡下菜罢了，乡下菜罢了！”侯先生一直那么谦虚地说。大厨兼经理刘兆忠，大家称为“忠师傅”，走出来，也这么说。

我回答：“鲍参翅肚可免，我要吃的就是这些乡下菜。”

果然没有令我失望，做出来的菜样样精彩，是我近来吃到的最满意的一顿饭。

萝卜肉排老鸡汤老老实实，一点也不花巧。老鸡一只，煲六七个钟头，用煤，没偷工减料。萝卜滋味错综复杂，一问之下得知，原来除了白萝卜，还加了青萝卜和红萝卜。

水乡三宝，是用莲藕丝、番薯蓉和南瓜丝炮制出来的肉饼，前者加虾，中间加肉，后者以火腿入菜，没有一件味道相同，真是宝贝。前一汤，后一汤，甜品之前的番薯沙蚬大芥菜煲更是又基本又好吃，特色在于用沙蚬来调味。我暗中学习，回到香港可以表演一番。

吃得太饱，侯先生还叫我试试著名的三乡濑粉。我开始死都不肯，濑粉总是那么硬硬的又滑溜溜，咬之不烂。在侯先生坚持下，我终于吃了一口，这才对濑粉这种食物的印象完全改观。原来，好吃的濑粉绝对没有上述的毛病，比河粉更美味，真是不试不知道。

抽　象　画

“水乡居”的忠师傅笑脸相迎。忠师傅原姓刘，但大家一直忠师傅、忠师傅那么叫他，他也不介意。

忠师傅已好久没有亲自下厨，他说今天的老火汤和几样老式菜一定要自己做。我已等不及，大叫先吃年糕。

不巧，年糕早在过年前已卖完。侯先生听说我要试，即刻叫他们做。忠师傅率领手下，通宵为我们蒸了几笼出来。

新鲜的年糕，就那么切出来吃也行。忠师傅另外上一碟用鸡蛋煎的。吃进口，第一感觉就是很有弹性，但不粘牙。第二，甜度刚好，没有什么新派的减糖噱头。年糕就是要吃甜的，怕糖的不如吃萝卜糕。第三，蔗糖的味道极为清香，真是人间美味。

我对甜东西一向兴趣不大，但也吃了五大片。过去试过的年糕也没什么好印象，但忠师傅做的完全不同，这也是多吃了几块的原因。店里也做萝卜糕和芋头糕，同样是超水准的。

“现在的人，哪吃得了那么大的一块年糕？”有些人问。

“水乡居”也做小盒礼品型的年糕。我有不同的看法。我认为，年糕这种东西，除了味道，还要有气势，还是大的好。

“能放多久呢？”我问。

忠师傅回答：“不冷藏的话，可以摆两个星期以上。新鲜时不必煎，用手撕来吃。”

我记得我小时候也是用手撕着吃的。

“放冰箱呢？”我问。

“两三个月也没问题。”忠师傅说。

有些人买了年糕，也不一定吃的。他们把年糕陈设在厅中，等它发霉，愈发愈好，是好“意头”。我曾看到徐胜鹤兄桌头的那个大年糕，发霉发得像一块芝士，又像一幅抽象画。霉菌的天然颜色，不是一般画家能够勾得出来的。

老　火　汤

“今晚吃些什么？”我问。

“水乡居”忠师傅的菜我试过，非常满意，今晚不知道出什么菜式。

“不花巧。”他说，“来几种实实在在的老菜好不好？我已经准备了老火汤。”

一听到“不花巧”那三个字，我已打从心中喜欢。近来吃的尽是一些“变形菜”，变得手法很低，已吃得怕怕。

拿出来的那个大汤煲，有三尺高，直径一尺半。汤渣已捞起，剩下五分之一的汤。

看料，有鲮鱼、沙葛、赤小豆、腩肉等，都是很平凡的东西。

一喝进口，浓郁香甜，是广东人煲汤的最高境界。

“辛苦你了。”我擦完嘴向忠师傅道谢，旁边的小朋友一脸疑惑。

“煲汤嘛，妈妈也会。”小朋友说。

“你听听忠师傅怎么说，这是怎样一种煲法。”我说。

忠师傅笑而不语，经小朋友再三要求，他才娓娓道来。

“先把鲮鱼煎了，放进滚水中煲，再加猪肉和其他配料，一煲就是八小时。”

“哇！”小朋友说，“那么整条鱼一定煲烂了，怎么汤渣上还有一尾？”

“是已经煲烂。这一尾在最后一小时加进去的。”忠师傅解释。

“八小时。”小朋友问，“汤会不会煲干？中间加不加水？”

“一加水汤就不能喝了。”忠师傅说，“汤一滚就要用慢火，把火炉中的木材拿掉一些；加另外一尾鱼进去之前又要滚，那就加木头了。总之，每一分钟都要看着它。”

“比看老婆更关心。”我打趣。

广东煲汤的艺术，并不是外地人能够了解的。

身为广东人，已是一种福气。

松 皮 鸡

从下樶的顺德万怡酒店出发，大约二十分钟车程，抵达伦教。路口有块大石，刻有“霞石”二字。一群少女从工厂下班，不肯回家，坐在石边看车子经过，笑得单纯可爱。这种情景在大都市中绝对看不到。

餐厅外停满名牌汽车。这个地方，公共交通不太便利，客人大都是慕名而来的。

一位胖胖的中年汉子走过来，自我介绍：“我是这儿的老板梁建和。”

“什么叫松皮鸡？”我问。

梁老板笑了：“其实没有松皮鸡这一味菜。我们最初开铺子，是个大排档，屋顶是用松树的皮搭的。现在这一排房子是自己起的，照样用松树皮搭在墙上。我们卖鸡出了名，也为了怀旧，就取名为松皮鸡。”

点了很多菜，当然少不了鸡。松皮鸡用一个长方形的铁盘上桌，斩成一小块一小块，配料有红枣、榨菜和姜，仅此而已。

吃进口，果然名不虚传，香甜嫩滑。

“怎么一个做法？”我问，“要蒸多久？”

“蒸一分半钟就够了。”梁先生说。

“这么快？”

梁先生毫不保留地解释：“客人一叫，即刻杀鸡、褪毛，不经水洗，用纸巾抹个干净。斩件，选最好的部分，鸡胸肉拿去煲汤，其他的猛火蒸。做了这么久有点经验，一分半钟已经能够蒸得骨头没有血汁，刚刚够熟。”

“用什么鸡？”我又问。

“两斤重的处女鸡。从破壳算起，一百三十天的。”梁先生回答。

“怎么看出是一百三十天的？”我问到底。

“从屁股看出。”梁先生笑嘻嘻地道，“把两只手指插进鸡屁股，不大不小，刚刚好的，一定是一百三十天的。”

客　家　王

在香港，客家饮食文化已没落。二十世纪六七十年代，人们还常说，要想吃便宜东西，到客家菜馆。现在仅存的寥寥数家客家菜馆，已添了很多广东菜，失去了特色。

直到去了东莞，才吃到一些好的。起初，在客家人聚集的樟木头试过菜，已觉得很不错，这次在东莞的“客家王”吃过，才知道什么是真正的客家烹调。

第一道上桌的是清炖鸡，把鸡塞进一个猪肚中，炖个三小时。汤清甜，肉软熟，猪肚中塞了很多胡椒粒，更是醒胃。

焖土鹅是将鹅斩件，用芋头一起焖得黑漆漆的，非常入味。鸳鸯鸡，碟中一边盐焗，金黄色；一边椒盐，赤色。拆骨，又拼成小鸡形，很精美，不像一般餐厅的盐焗鸡那么粗枝大叶。

蒸鱼嘴是用一片大蕉叶衬底，上面铺十几个鱼头，蒸得干干的，没有汁。吸嚼鱼云，又香又甜，和广府人的清蒸完全不同。

酿豆腐较为平平无奇，只是把豆腐酿完再去焗罢了，没有南洋的酿豆腐那么精彩。

酿金蚝则十分突出，我从来没吃过。这是将蚝豉和肉碎酿进猪肚尖里的一种做法。每个猪肚只有一个尖，碟中有数十个，酿得肥肥胖胖的，扮相也先声夺人，吃起来味道错综复杂又有嚼劲。

其他还有酿蛋角、卤猪肉、梅菜焖大肠、煎蛇碌、客家扣肉、炒猪肚和酿三宝等。

大肠酿糯米的做法与潮州人不同，外层的肠还是很厚，吃来较有肠味。

喝着特制的黄糯米酒，感叹客家菜的优秀。

老板说，其实以前他们做得最好的是狗肉，但现在觉得吃狗肉过于残忍，已不杀狗了。想不到他还有恻隐之心。

水乡美食城

有一次，在东莞出席一个宴会，等了半天也不见食物出来。饿得肚子咕咕叫时，上了一些水果。望着那些颜色不对的西瓜和红得不自然的火龙果，我说什么也不肯动手。

后来，好歹捧出些粽子。咦，又不是端午，出什么粽子？看样子，又干又瘪，绝非刚蒸好的。虽然已冷，但我不在乎，剥开粽叶一口咬下，啊啊啊，是我吃过最美味的。

什么味道？又甜又咸。“什么？甜就甜，咸就咸，没吃过又甜又咸的。”友人说。这种又甜又咸的味觉对我来说也非陌生，潮州妈祖宫的粽子，就是把一般味道的咸粽子做好了，加一大堆甜枣泥进去。

打开眼前这个粽子，不见豆沙，也无枣泥，哪来的甜味？里面的馅，也只有蛋黄和猪肉，并不特别，但味道怎么那么好？咸中加甜，也不会令人抗拒？

“这粽子是什么地方做的？”打听过后，日后即驱车前往。从香港市区出发，走三号干线，到皇岗口岸过关，出来后就可以看到广深高速的路牌，开上高速，一直开，就看到道滘了。

道滘这个名字听起来好像“道教”，也许以前是产酒的。原来，东莞的这个小镇以粽子出名，每年都举行粽子节，非常热闹。

粽子是由一家叫“佳佳美”的小食店生产的，虽然其他食肆也有粽子卖，但你若问当地人哪一家最好，都会指你到“佳佳美”去。

小食店什么都卖，客人可吃粥、面或马蹄糕等，粽子不在店里吃，多数是外卖。粽子的价钱甚为便宜，见客人一大袋几十个地买走。

老板前来迎我。她是一位瘦小的女士，名叫卢细妹。问起道滘粽子的做法，她毫不保留地说：“用冰糖把五花腩浸过夜，第二天包的时候，把肉放在中间，和咸蛋黄、绿豆一齐包好，就那么简单。”

“一定还有些什么秘密吧？”

卢细妹露出“你这种城市人怎么那么烦的表情”：“父亲教的，就是这么包，有什么秘密呢？”

从此，我每到广州，一定由火车改为汽车，路经道滘，就到那家小店吃点心，买粽子。这么多年来，见证了卢细妹的生意愈做愈大，杂货店变成小超市，小超市变大超市，烟、酒都包办来卖，食店也由小的变成大型的，我们都管她叫“企业家”。

“企业家”说，为了应酬，她另开了一家餐厅，叫我去试。我欣然前往。这一试就上了瘾，这些年来不断光顾，成为一家我百去不厌的馆子。

说是餐厅，又不像，茶楼也不像，总之是老土，但老土得可爱。地方是干净的，一共有三层楼，可坐许多客人，早中晚市都挤得满满的。

这里的楼面经理叫黄汉卢，大厨叫叶旭琪，都是跟“企业家”一做就没有转过工的忠心伙计。来久了，大家都知道我喜欢吃些什么。

店里有个小缸，养着活鱼。我的最爱是水蛋蒸鲗鱼，这个菜在香港几乎绝迹了。别看蒸水蛋是简单玩意儿，蒸坏了怎么办？一般的厨子都不敢去碰。这里做的鱼和蛋真是融合在一起，鱼肥起来，肚子里都是膏，和蒸蛋拌着吃，人间美味。

说到鱼，店里有道凉菜卤水鱼头，用的是鲩鱼。平时卤水鹅、卤水猪肉吃的多，想不到卤水鱼也另有一番滋味。如果怕鱼头多骨，那么可以叫卤水鱼尾，每一口都是肉。

另一道非叫不可的菜是蟛蜞粥，这道东莞的传统家庭菜，是配上猪肉丸子一起用砂煲滚出来的。猪肉丸做得爽脆弹牙，蟛蜞这种螃蟹虽小但甜味十足，每人吃一大煲粥才叫过瘾。

乡下地方没有什么甜品，但眉豆糕可算一绝。我的助手杨翱最爱吃这道甜品，去了非叫不可，上桌时更令人叹为观止。

那是用一个长方形的铝碟蒸好了整盘上的，另用一小刀把眉豆糕切开。做法是将黏米浸后用石磨磨成浆，眉豆则先蒸熟加在米浆中，加糖、盐和五香粉，放进铝碟中蒸出来。

这么多年来，我和卢细妹已经成为好朋友，友情建立于互相的信任，所以我的“抱抱蛋卷”也是在她的厂里开发出来的。卢细妹有个得力助手叫袁丽珍，特别喜欢做新产品，别人愈做愈觉得忙，她反而是看到新产品成功才开心，与我一拍即合。多次失败后，我们的蛋卷已得到各位的欣赏，在网上的销路奇佳。

与卢细妹的合作，是看过她的厂房之后做的决定。厂房里的一切干干净净，甚有规模。我一直觉得，这对她是一宗小生意，她肯为我加工，都是因为我们的交情。

今天又去道滘研究新产品。我的意见颇多，这不好，那不好，嫌东嫌西。袁丽珍在旁细心地听着，和她的手下研究，对我的批评一点也不介意。她的样子愈看愈可爱，如果有儿子的话，就娶她回家当儿媳妇了。

同益市场

到了汕头，中山路上的同益市场是个好去处。忘记了路名也不要紧，向“的士大佬”问起，没人不知道。

这地方很像老香港的旧街市，地面永远是湿湿的，到处堆满鸡毛鸭血。年轻朋友掩着鼻子，小心翼翼地走，以免弄脏那双名牌鞋子。我们这些老头子自得其乐，看新鲜的鱼虾蟹和蔬菜，满怀高兴，脏也变美。

有摊档卖鱼蛋、鱼饼和鱼面，也有卖早餐小食的，其中有小蟛蜞、盐水黑榄等，当然少不了潮州著名的咸酸菜。

牛肉丸、牛筋丸一般都有很高的水准，买回家熬汤或煮公仔面（原为香港方便面品牌，后成为方便面代名词）时下几粒，可谓价廉物美。

在市场的入口有一档卖水果的，其右边就是汕头最好吃的猪肚档了，没有店名。

一位斯文的中年人坐在小凳子上，他的面前铺着一块长方形的木板，木板中间有一大锅汤，里面都是猪杂。店主好像不应活在人间的仙人，慢条斯理地把一个猪肚切成小片，白灼大量的豆瓣菜，加上猪肝、猪红和粉肠，淋上汤后给客人吃。

喝进嘴的那口汤，啊，也像是仙人的食物，清甜之中带一股幽香。外国人扔弃的猪内脏，竟然能做得那么出神入化！少了这种口福，也不必替他们可惜。

猪杂汤在中国香港地区可能已经绝迹，从前“南北行”的小巷中还有一档，拆除之后就再也找不到了。新加坡的熟食中心偶尔还有这种小食售卖，但都不求原味，完全不像样了。

卖猪杂汤的摊档通常也卖猪肠灌糯米。把糯米、花生、虾米跟栗子塞进猪肠后蒸熟，变成肥肥胖胖的香肠形状，先风干，吃的时候再蒸一蒸，然后切成一片片，蘸甜酱油吃。里面的东西都是素的，细嚼之下，肉味全靠那层薄薄的猪肠，是天下美味。

建业酒家

到汕头参加图书签售会。签售会由当地的“新华”和“三联”两家书店主持，负责人都争着请我吃饭，结果两个晚上都是到同一家“建业酒家”去吃的，可见“建业酒家”在当地相当著名。

老板纪瑞书年纪轻轻，我上次来汕头时已见过。他特别亲切地为我安排了两晚不同的菜肴。

店里的狮头卤水鹅做得出色，但是印象深刻的倒是鹅肝和鹅腿，切成片，每片有小碗碗口那么大，不看到都不相信。

我嘴刁，嚷着要吃鹅头，主要是想试鹅脑。来了一碟，只是鹅头的下半部；鹅舌固然好吃，但不是我的目的。再来上半部，那个鹅脑犹如一颗核桃，甘香无比。

菜脯猪肚汤是道传统的潮州菜，大家都吃过咸菜猪肚，却不知道可以用菜脯来熬汤。新腌制的菜脯太甘、太咸，一定要用老到发黑的菜脯才不会把猪肚的味道抢走。因为从未尝过，对它的印象特别深刻。

豆酱焗赤心虾蛄也很精彩，潮州话所谓的“虾蛄”即广州话叫的“濑尿虾”，相较之下“虾蛄”要文雅得多。

赤心则是猪背部红颜色的膏。虾蛄没有泰国种那么大，但也要选肥美的。为了吃起来方便，剩下头尾让客人用手抓，中间部分的壳完全剥去。

普宁豆酱已经把虾蛄焗得有点发焦，上桌时一阵香味，真没想到“濑尿虾”可以这么吃。凉菜有鳗鱼冻，那是将很大条的海鳗鱼切成厚片，每块有双手伸出的拇指和食指圈成一圈那么大，用咸酸菜煮四十分钟左右做成的，其他什么调味品都不加。

鳗鱼皮胶质重，熬出来的汤冷凝后结成冻。冻比鱼好吃，一点也不腥。

面　子

其实，我从香港到内地的各个都市去试菜，都有发现传统料理不见了，代之的是半新不旧的。也许，外地“老饕”对香港也有同样的印象。

但我总是不罢休，不相信找不到一些顽固的老头儿，还有他们坚持的原汁原味。这次在潮汕，最终还是让我找到了几位老师傅。

他们都很寂寞，因为没有人再向他们提出“做一些儿时吃过的佳肴”的要求。我和老师傅们一见如故，尽可能地从他们的智慧深洞中挖出宝藏，鼓励他们做一些濒临绝种的食物。

发展中的潮汕，没有什么好食肆，只有请老师傅到酒店去烧，而负责大旅馆饮食的，则大多数是这些一级厨师的徒弟。这些徒弟肯听师父的话，当然也不会放过学习旧菜的好机会，拼命协助。老师傅们做出来的菜，单单是菜名，在香港已绝对听不到了，更别说吃了。

凤凰山石橄榄炖石鸽、炒鹅粉、党粿、炸玻璃肉、腐乳饼、酸梅猪手、腊方酥、五梅鸽、豆腐鲤鱼汤和皱丝芋泥等，数之不尽的传统潮州菜，令“老饕”垂涎。

早餐方面有老式潮州点心。潮州人做的烧卖和广东其他地区的烧卖味道完全不一样，还有许多没见过的品种。此外，还有街边小食猪肠灌糯米、猪杂珍珠花菜汤等。

另一顿早餐不能重复，我说吃潮州糜好了。粥有什么好吃？不同之处在于送粥的配料。潮州的酸甜小菜变化多端，酒店的方总替我弄出六七十样来，摆满桌面，看得年轻朋友发出阵阵哗哗声。

下榻的旅馆是五星级的，但也做旅行团生意。向方总预订了刚刚装修好的那几层上房，我将带香港的朋友前来入住。

潮汕美食团已渐渐有了眉目，日子一确定就通知旧团友，一起去享受享受。我这个潮州人，总不会丢潮州人的面子的。

卤　　水

潮州人的烹调技艺中，以卤水最为人称道。到底什么叫卤，卤水的制法又如何？这次在汕头，我要向八十几岁的罗师傅问个清楚。

“每个人的做法都不同。”罗老先生说，“我做一次给你看。”

我们去市场选了一只六公斤重的狮头鹅。哇，真的大得厉害。

狮头鹅请小贩处理。

将那只光鹅带回厨房之前，我们又走到猪肉档。

“同时做卤猪肉吗？”我问。

罗师傅要了一块猪头肉和一大块五花腩，他说：“卤水之中，一定要先放猪肉才出味，市面上卖的那些玻璃瓶装的卤水汁，一点肉也没有，骗人的。”

“为了做一个记录，你可不可以先将做卤水的材料说明一下？”我说。

“卤这么大的一只鹅，要老抽三瓶、盐一百克、冰糖一百五十克，另外要用到酒、川椒、桂皮、甘草、丁香、八角。大蒜，长条那种，不是蒜头。还要芫荽头、南姜和白芝麻。”罗师傅没保留。

在厨房中，他把鹅开腹取出内脏，洗净晾干。把大蒜捆扎，在热油中炸至金黄，捞起。把川椒粒炒了一炒，和八角、桂皮、甘草等放进一个煲鱼的布袋之中。另一个小袋则装炒香的白芝麻。

取一大锅，加水、酱油及酒，至七分满。水煮滚后，放进之前准备的材料，再加猪头肉和五花腩肉，最后才放整只鹅。

这一煮就要煮一个半小时，中间将鹅吊起离汤，再放下，这个过程要反复四次。鹅在卤水料中煮时也得注意多翻动。

“看起来和听起来容易，一动手就难了。”我说。

罗师傅懒洋洋地道：“失败几次，一定成功，又不是什么高科技。”

潮州粿汁

从北海道返港后，直奔汕头。

从香港起飞，三十五分钟后抵达汕头。飞机里全部都是经济舱，也要一千多块。如果以里程计，算是最贵的航线了。

从机场到市内，半小时车程。入住金海湾大酒店。这是五星级酒店，宽敞、舒服、干净是最重要的了。房间内摆放着泡工夫茶的茶具，相信潮州的旅馆都有这种基本配备吧。

我的旅行，目的鲜明，那就是吃、吃、吃。

向当地友人说：“不要鲍参肚翅，也不要新派潮菜，给我吃旧时阿谢做的那种。”阿谢，潮州话“纨绔子弟”的意思。当年潮州人到南洋打拼，赚了钱寄回家去，那些纨绔子弟什么都不做，整天想着吃，就那么创出潮州的饮食文化。

“有，有，有。”友人说。

但是第一天吃的那两餐，午餐平平无奇，晚上还被带去一家

所谓的海鲜餐馆，更是惨不忍睹。

谈海鲜及河鲜，这里绝对比不上香港和珠江三角洲。说到传统，潮州菜虽然是最清淡的，但应加猪油的东西，像芋泥，却完全不加，怎会好吃？

饭后，车子经过中山路的旧区，友人指一档道："那是做粿汁的最古老的一家。"

即刻要求下车。肚子再饱，粿汁怎能抗拒？它是潮州最具特色的民间小食，把米磨成粉，再制成一片片三角形的粿。晒干后回锅加汁复煮，添点卤汁，实在好吃。

往锅中一看，三角形的粿变成一条条长条的河粉，像南洋人称"贵刁"之类的东西，十分恐怖。

食欲全消。小贩委屈地解释："客人怕晒干的东西吃了有热气，才改用粿条的！"

我心中嘀咕：“怕热气？吃汉堡包去！”

对粿汁的思念愈来愈强，但香港已无人做。

九龙城有一档卖鹅肉的，生意兴隆。老板对我说：“多亏你那篇文章介绍，我能为你做些什么？”

“做点粿汁吃吃。”我说。

“粿汁？”他没听过。

“到潮州学学，回来试试看。”我说，“反正你卖卤水东西，弄些猪肉、蛋、豆卜卤卤，就是粿汁的料了，不花你很多工夫。”

不久，老板学成归来，兴高采烈地做粿汁给我吃。我看到他用的不是三角形的粿，而是长条粿条，即刻皱眉头。

“我在汕头吃到的就是这一种呀！”他抗议。

“怎么可能？”我心中说。

现在明白，我错怪了他。

潮州食物，一切在变。

粿汁，如果在汕头已吃不到传统的，可到东南亚去。泰国、新加坡等地的潮州人，还在卖这种原汁原味的街边小食。一碗热腾腾、乳白色的粿汁上桌，之前向小贩要了卤大肠、粉肠、猪耳之类，切成片放在碟中，淋上卤汁。吃了料后将汁倒入粿中，最后加一茶匙猪油，天下美味也。

我本来想带一群朋友去潮州的，在潮州怎可能吃不到正宗的潮州菜呢？但现在我的信心开始动摇了。怕吃过新加坡“发记”、香港“创发”的人，会把我骂得狗血淋头。

食　儒

农历新年之前，去了一趟潮州。

潮州是一个地方的名字，自古以来，潮州就是一个府。关于潮州府，有很多文字记载。当汕头还只是一个海港时，只有潮州府的人才能称为“潮州人”，但他们自己又不叫自己是潮州人，自称“府城人”。

汕头近年来经济发展得比潮州迅速，成为大都市之后，“潮州人”也叫潮汕人了。潮州从前有很多古迹和牌坊，整条街林立，是个古城。

“文化大革命”时期，诸多古迹被破坏了，潮州变得有些没落，后来相关部门把古迹修复了，但终究失去了原有风貌，有点像电影里的布景了。

吃的方面，汕头出现了很多新餐厅，潮州反而没什么，但要找原汁原味的潮州菜，还是得去潮州。这就是为什么“食儒”第

一家店要开在潮州而不是汕头。

“食儒”这个名字取得很好，不知道要比“吃货”高雅出多少，而“儒”的发音像“如”，在潮州话中，有“好”“高尚”“美丽”的意思。

这次是应“亚姐”张家莹的邀请前来的。她的一个表哥是潮州人，经过她，请我们去剪彩。我已经很久没来潮州了，表弟洪钟一家人还住在那里，大家可趁机聚一聚。

“食儒”的女老板许雪婷，年纪轻轻，一向喜欢饮食。自有了开店的意愿后，她向父亲一说，随后召集了一班老友。大家都成为这家店的股东，一下子达成了她的愿望。

到“食儒”一看，发现这个主意对极了，店里卖的都是地道的潮州小食。潮州小食，不是“打冷”吗？也不对，走的是茶餐厅路线，店里装修得大方干净，很适合年轻人聚会。

卖的是什么呢？我先试吃。看见铺在餐桌上的菜单纸，林林总总，第一道吸引我的就是“粿汁”。这种非常地道的小吃可以当早餐或午餐，一般都是用晒干了的米饼煮成的。这里用的是古法，用米浆现煮出来，吃时淋上卤肉的酱汁。粿汁又黏又软又绵，你没有吃过就不会知道有多么地美味，一碗才卖二十元人民币。

当然，要多加一份卤味才完美。卤味之中有卤猪皮、卤鹅、卤粉肠等，吃得不亦乐乎。当然，我这个贪心的食客，不会放过普宁豆酱鸡和潮州牛腩的。

打着试菜的旗号，我几乎把店里所有的小吃都叫来尝一尝，看见有“炒糕粿”这一道小吃，大喜，即来一份。所谓的糕粿，是像萝卜糕一样先将米浆蒸出一大锅来，接着切成长条，然后下猪油，把长条爆香，煎成略焦状态，淋甜酱油、鱼露，打个蛋翻煎，最后下韭菜。这种小吃从前在香港的“南北行”小巷中出现过，当今只有在皇后街一号的熟食中心的“曾记”可以找到。如果你看了这篇文章忍不住，就先到那里去试一碟吧。

用来煎糕粿的是一个圆形的大平底锅，和煎蚝烙的是一样的。这家店还卖煎“薄壳米烙”，更难得的是“豆腐鱼烙”。豆腐鱼就是香港人叫的九肚鱼，肉柔软得几乎过分，通常用来煲冬菜粉丝汤。店里选用肥大少骨的九肚鱼，煎后肉硬一点，更加好吃。这种鱼很甜，如果各位没吃过一定要试一试。

猪杂汤也是一绝，店里下的是“珍珠花菜”。这种蔬菜在其他地区罕见，潮州却有大把。缺了珍珠花菜，猪杂汤就没有了灵魂。香港卖的猪杂汤，大多用豆瓣菜代替。

我喜欢吃面，要了一碗。上桌的是干捞面，用芝麻酱拌的，这才地道。

试了肠粉，和香港的不同，淋上的酱是花生沙茶酱。要吃粿吗？可选的有鼠谷粿、乒乓粿、笋粿、芋头粿、薄壳米粿和经典的潮州红桃粿。

其他有特色的咸点：甘同粿、鲎粿、咸水粿，另有粿条卷、潮州肉粽、猪肠灌糯米、香酥猪脚圈、豆腐鱼春卷、卤香煎蛋角和凤凰浮豆干。

更有数不清的甜品，不一一介绍了。

但是，舟车劳顿地跑到潮州一趟是不容易的。我们乘五十分钟的飞机到揭阳机场，再转车。机票贵，飞机上只有几包干果吃。回程如果坐汽车要五六个小时，又怕遇到塞车，还是放弃了。乘高铁回港，高铁需两小时，到深圳又要转车才能回到香港，可真的不容易。

好消息。“食儒”有开连锁店的打算，很快就会到深圳开一家。连锁店的经营也不简单，我建议许雪婷小姐向“撒椒”的老板娘李品憙学习。她成功的秘诀是亲力亲为，每天用心地改进，从消费者的角度出发，当自己是客人，想吃多一点什么都免费赠送。担心地沟油吗？把剩下的油和辣椒打碎后打包让你拿回家去——都花了很多心思。能够做到这一点，已成功了一半。

第二章

京韵悠长

北 京 菜

去一个都市，如果不吃当地特色菜，是种罪过。这次到北京，友人说我下榻的酒店的意大利菜不错，另有日韩料理。我死都不肯去吃。如果想试的话，也得到东京或首尔去呀，反正又不是多么远。

北京此行一共有五天，较为轻松，可试多一点。一早，友人便带我去老羊市口的“炒肝赵”。炒肝这道典型的北京菜，多是早上才吃的，名字颇能误导人。首先，它不是炒出来的，而是煮出来的。其次，很多外地的朋友在菜中拼命地找肝，怎么找也找不到。一般便宜的食肆，肝片下得极少，尽是一堆黏糊糊的浆，其中也有些大肠，填肚子就是。

这种菜，洋人说是aquired taste，“修来的味觉”的意思。你得拼命吃，吃出一个道理来，这是不容易做到的。大肠不能洗得太干净，因而那种味道不好受，我吃呀吃，吃到自己能接受为止。

店主叫赵威，是“炒肝赵”的第六代传人，很年轻，但肯死守传统，真不容易。他和太太两人在厨房中遵循着前人的教导，一点一滴，非要做得完美不可。你在店中还可以吃到“吊子”，是另一种地道早餐，有点像卤煮，全部使用猪内脏。因不下酱油之故，汁是白色的，所以亦称“白汤吊子”。

当然还有豆浆和豆腐脑。北京人坚持说豆腐脑和豆花不同，我还是吃不出分别来。

在台北市旅行时经常光顾的北京糕点店“京兆尹”，在北京开成一家很高级的素菜馆子。从落地玻璃的窗口望出去是一排绿竹，道旁喷出负氧离子气体，犹如腾云驾雾。食物有各种精致的斋菜，甜品反而少了。当我那么觉得的时候，女主人郭金平说，你想要的话尽管叫，我们这里什么都有，包括北京的地方小吃，炸酱面更是做得精彩。

“京兆尹”已成为素食者的最高殿堂，其他城市都找不到环境那么优美的店。当年丰子恺先生的女儿丰一吟来香港找斋铺，我可真的不知道要招呼她去哪里才好，现在如果在北京遇到她，就能带她去“京兆尹”了。“京兆尹”这块牌子交给郭金平发扬光大，大可放心。

吃完饭，郭女士要求我留下几个字。我一向只爱吃肉，写的食评专栏集合成书，也用“未能食素”系列出版。在小册子上，我题了“渐可食素”四个字。

在地外大街上可以找到老字号“烤肉季”。

“烤肉季”开在一座三层高的老建筑物中，大部分食客吃的是小型的烧烤。只有三楼靠窗处有一个大包厢，走进去，看到一块四人合抱的巨型大铁板。

专业师傅把一碗碗的羊肉调好味道，“叭”的一声整碗倒在铁板上，烧烤起来。客人拿着巨大的木造筷子，耐心地等待。

肉烧好之前，打了一个鸽子蛋进去，再用碗盖住，等到蛋半生熟时掀开，混在肉中，就那么用木筷子夹来吃，豪爽之极。这也是没有来过北京的人对吃烤肉的印象。

除了烤肉，店里还有各种北京菜，但我们吃烤肉已吃饱，只能看邻桌的人吃了。这里值得一试，大力推荐。

当今北京的新派烤鸭店的鸭皮，像烤乳猪皮多过烤鸭，不是我这个守旧的食客能欣赏的。北京烤鸭一定要依足烤鸭传统来做，而当今做得最好的，是北京嘉里大酒店的袁超英师傅。

餐厅里有个大玻璃橱窗，可以看到师傅们烤鸭子的过程。厨房壁上堆着一条条的巨木，是枣木。袁超英坚持用枣木来烤，到处收集这些古木，有的还是一百多年前的，烤出来的鸭子是完美的。片鸭的师傅是将鸭肉一大块切下来再细分，不同的部分分开来上，最后还有整只鸭子最嫩的里脊肉两条，加上鸭头鸭脑。也不必我再多说，吃过就知道不同了。有机会一定要去试试袁超英师傅的手艺，绝对是北京第一，也可以说天下第一了。

在北京有位好友叫洪亮，他不仅对北京菜熟悉，全国的餐厅也几乎被他跑遍，我叫他“美食通天晓”。洪亮这次带我去了一家涮羊肉的店，叫“羊大爷”。老板姓蔡，为人豪爽，用一个汤碗盛了一大碗啤酒，就那么一口干了，做的菜也豪爽。

涮锅是景泰蓝的，酱料一大碗，用红腐乳酱写了一个“羊”字。把矿泉水倒入涮锅，加东海野生虾米、枸杞、姜、葱等，水滚后先把一大碟羊尾，也就是全肥的，“啵”的一声倒入，说是让锅子“油一油”。

其他部分的肉上桌，都是放在一条一米长的板上，有公羊肉、羊后腿、羊腱子等，任涮。最柔软的肉是羊里脊，一只羊只能取二两。我吃涮羊肉不爱蘸酱，点虾油就可。虾油，也就是鱼露了。蔡老板看了点头称许。

这一餐吃得过瘾。

寿　　宴

每年到了八月，因书展或公事，我都会去北京或广州，结交的网友就会替我庆祝生日。我一向不喜欢这种形式化的聚会，但大家的盛情也不好拒绝，只有叮嘱他们绝对不可带礼物前来。

今年早了几天去北京，陈晓卿办了一桌，地点在东直门的“懂事儿”。这家店的老板叫尹彪，在北京开了多家传统的北京菜小馆。主厨甄建军，拜王希富为师。王希富的外祖父是清朝的御厨。

这一餐依足传统，先有四干果、四鲜果、四手鲜十二碟，可以吃，但用来看居多。接着是迎客茶，那是茉莉香片；跟着上的是落座茶，名叫宫廷奶茶，是牛奶中加上榛子、核桃等磨出来的粉。我喝了一口，味道十分好。

之后有进门点心：苏子茶食和绿豆糕。前者有黑芝麻馅，味咸；后者是枣泥馅，加了薄荷，口味清凉。

接着是六冷碟：千层耳、老北京豆酱（其实是肉皮冻，加上黄豆、

胡萝卜丁等）；还有蒜肠，大蒜味极重，能吓走女士；素火腿，豆制的，适合女士吃；还有罗汉肚、拌玉丝等。值得一提的是酥焖鲫鱼，把小尾的鲫鱼烤好几小时，然后焖在锅里，直到肉和刺都酥焖为止，功夫是十足了，又咸又甜，只是没有鱼味。

接下来是热菜：燕窝松茸汤、醋熘海参、糟汁肉。最精彩的是芙蓉鸡片，这一道即将失传的鲁菜，在北京发扬得很好。所谓芙蓉，是将鸡胸下面最嫩的那片肉剁成肉蓉，然后在油锅中过油，就成了花一样的鸡片。接下来的芫爆肚丝，也是取猪肚最嫩的一块爆炒。煎丸子，把丸子边煎边按扁，最后变成了长形。

正是荷花盛开的季节，有黄颜色的荷叶粥上桌。南方的荷叶粥和北方的不同，北方的是把整块的荷叶放入粥中煮，把粥煮成黄色。南方的是用新鲜荷叶当成锅盖，一片叶子蒸枯后再换另一片，到最后粥变成翡翠颜色。

配荷叶粥的黄瓜酱，用黄瓜炒肉丁制成的。最后有苋菜疙瘩汤和炉鸭的烹掐菜。掐菜就是广东人所说的银芽，把头和尾去掉的。甜品有宫廷奶酪，用草莓酱做的。清代时有没有草莓，有待考证。

中间的插曲，来了“炒肝赵”的炒肝。炒肝是北京人最地道的早餐，吃惯了当宝，吃不惯不会上瘾。肝不是“炒”出来的，也少得可怜。“炒肝赵”的店被逼迁了三次，这回干脆和“懂事儿”合作，在他们的店里做早餐，从早上六点开始卖，总算找到一个比较安稳的地方做买卖。喜欢炒肝的人可以去吃。

不可不提的是甄建军师傅做的“玫瑰鲜花饼”，用的是北京西郭门头沟的妙峰山玫瑰。他试过用别的玫瑰，水分太多，又不够香，只有妙峰山的玫瑰符合他的要求，而且每年只有五月下旬到六月中旬不足一个月的时间可采摘玫瑰花，过了就要等下一年。他把采摘的玫瑰加糖，低温发酵，也就是放入瓶中在冰箱中发酵，花半年时间才做成。他所做的玫瑰饼不是太甜，但非常之香，不可错过。

自己吃饭时，喜欢悠悠闲闲地到北京的香港赛马会酒店，在里面的面吧吃一碗面。他们的炸酱面和兰州拉面做得极出色，芥末墩儿是一绝。还可去八条一号吃卤煮和云南小菜，来来去去，北京就那么几家。

来到北京当然以吃羊为主。洪亮带我去过至少十几家，到最后，我还是喜欢去“情忆草原”。他们的涮羊肉用的酱很讲究，配羊肉吃的只是沙葱，最能吃出羊肉原味。烤全羊也几乎都吃遍了，但吃了几口就吃腻，不如来碟手抓羊。说到烤全羊，这次生日会中，好友特别安排了三只烤乳羊，最适合我的口味。

当晚在东直门外NAGA上院会所的多功能厅办了三桌，请了“净悟真”的张华老板，他带来三只宁夏盐池的滩羊小羔羊烧烤。生长不到四十天的羊才能叫羔羊。烤出来的皮一拉开，送进口，爽脆无比，肉一点也不硬。我伸手进去取出羊腰，全无异味，好吃得不得了。结果，整只羊给大家吃得干干净净，只剩骨头。这是对羊的最高敬礼。

当晚，洪亮亲自做面，终于尝到闻名已久的打卤面，的确好吃。梦遥也来了。婚后的她，愈来愈漂亮，身材也愈来愈好。她带来了杨杨师傅做的小龙虾，个头很大，已算是大龙虾了。又有刘新师傅的牛肝菌，很精彩。昆明吉庆食品做的玫瑰糖，包装古朴，味道特别好，我最喜欢了。

生日蛋糕是“小老虎”花了老大工夫，将榴梿的刺一钉一钉做上去的猫山王蛋糕，造型漂亮，榴梿味十足，真是太感谢她了。

老北京一条街

四月底的北京，天气最好。还没去之前，看天气预报是八至十八度，应该有点冷，岂知一到，天清气爽，穿一套夏天的西装已能到处跑。叶全绿，泡桐紫花开遍，此时的北京是美丽的。

入住王府饭店。王府饭店由香港半岛集团管理，房间刚装修过，很舒适。

从王府饭店出来走几步路，就到了王府井大街。王府井大街已改为步行街，不准车辆进入，两旁商店林立。北京地广，印象总是大、大、大。

街口用铜打了一块牌子，读后方知，昔日这里真有一口井的。当今这口井已成为游客拍照的背景，打不出水来。

肚子饿了，到新东风市场的“老北京一条街”吃东西。虽然都只是普通的菜式，但花样挺多，可以先在这儿得到各种北京路边小食的概念。

先来一碗豆汁。这种老舍先生常写的饮品，连来自杭州的罗俞君也没喝过。豆汁是豆制品发酵后熬出来的东西，可以说是素的奶酪吧。味道当然有点馊，配咸菜丝，愈喝愈美味，怪不得骆驼祥子老兄那么爱喝了。进食时用焦圈送。所谓焦圈，是把面粉弄成小圆圈炸出来的，无馅亦无味，相当于南方人的“油炸鬼”。

炒肝是用碗盛的，像汤水多过小炒，里面有几小片猪肠，肝是怎么找也找不到的。穷人家吃的东西，找不到肝，才是正宗。

炸蝎子、炸蚕、炸蚕蛹、炸蟋蟀各来一串。蚕蛹一咬，里面充满香喷喷的肠膏。听起来恐怖，吃起来美味。人家吃了那么多年没事，我们怎会吃出毛病来？

印象最深的是“乾隆包”，用草绳编了一个笼，像钱袋。笼里面有“狮子头”一般的肉饼，蒸熟了摆在那里。吃时把草笼一挤，肉饼掉入碗中，或者用筷子挖来吃也可以。当年的路边小吃一定很少有用精肉做的，怪不得这种包要以皇帝为名了。

坛根院食坊

北京有天坛、地坛、日坛、月坛四个坛。在地坛旁边，有家叫“坛根院食坊”的老铺。

载着我们到处去吃的土生土长的司机方师傅，已摸清楚我们的脾气——非正宗的地道小食不可，就把我们载到那里去。

一进门，人山人海，好不热闹。有个小舞台，唱着戏，又表演魔术。方师傅一坐在长凳上就大叫一声：“小二。”侍者前来，恭恭敬敬，捧上用盖碗装的八宝茶，听候他老人家点菜。

方师傅是这儿的常客，一发办，来六个冷盘：芥末墩儿、糕梨丝、白水羊头、炸烙渣、香椿豆、拍黄瓜 。

芥末墩儿是用白菜烫了，再抹上大量的黄芥末泡成的。吃时可不能大意，不然会被强烈的芥末刺喉，罗俞君就被呛得猛吞啤酒。

糕梨丝其实可当甜品吃。所谓糕，是将山楂糕切丝，颜色鲜红。白色的梨丝垫底，上面再撒白色的糖。梨吃起来很爽口，一点渣也没有。我说梨好吃，方师傅说是大厨的刀工不错。

白水羊头像羊肉冻，本身已咸，还撒了大把盐，差点把我们咸死。

茶已喝完，方师傅双指夹茶盅的盖，敲敲盅边，又大喝："小二！"小二即刻替他加滚水，好不威风。俞君的助手朱怡瓴学办，失败了。

接下来的热食是麻豆腐、砂锅吊子、汆水腰花、酱肉丝等，都非常美味，在外国绝对吃不到的。

什么叫麻豆腐？原来和豆腐无关，是用榨完豆汁的渣制成的，中间夹了辣椒干。

方师傅和我吃过后异口同声地批评："膻味不够！"这道菜一定要用羊油来炒。大概现在怕客人嫌肥，改用植物油了吧。

招　　牌

住王府饭店的另一个好处是，走过几条街就是夜市，一档档的地道小食任你选。

当今小吃摊变得更干净卫生了，但还是有很多旅客不敢冒这个险，只有给予他们同情。

“王府”的早餐一百七十五元人民币一位，另加百分之十五的服务费，但食物并不精彩。胜鹤兄与我决定到街边去吃。哪有？问看门的小厮就知道，他们也要吃过早餐才来上班的。

在酒店后面有家小型菜市场，有菜市场就有早餐卖。在一间小店坐下，叫了两碗馄饨、两个菜肉包、两个茶叶蛋。我的胃口好，再加一碗肉丝面。二人吃得饱饱的，总计人民币十元。

但并不是每次运气都那么好，到黑蛮兄介绍过的百年老店“砂锅居饭庄”，同样叫了“砂锅三白”，就觉得普通。

何谓三白？煮熟了的白肉、白肠和白肚汆高汤，没什么特别，其他的菜一塌糊涂。爆腰花的异味还未清除，恐怖，恐怖。

听说酒店附近有家北京小食集中点，是老舍的儿子开的。我们第一次去找没找到，后来才发现是在夜间大排档的后面，于是中午就摸了过去。

这里也是林林总总的各类小食，真正的北京菜已不多，代之的是炒芥蓝、排骨、煎荷包蛋、烤肉排等南方廉价自助餐式的菜品。

看到有用小紫砂壶炖的肉团子之类的东西，一口气要了三个。没零钱，老板说你先付一百块好了，等下慢慢算。

等了好久还不见老板来找钱，催了一下，他前来找了几块钱。但是那几样东西不可能有一百元，老板左算右算，也算不出那么多，后来说是紫砂壶的押金，也要十五元。北京的朋友替我们不值，要去找老板理论。我笑着说，这种人一生一世也只能做小贩，友人才笑了。

原来这里也并不是老舍儿子开的，他只是写了一块招牌罢了。

粤菜在北京

广州友人到北京开了家粤菜馆，邀我去做做宣传，于是乘早上八点整的“港龙”，十一点抵达北京。

比别人走快一步，避开人群。机场是新的，但和旧的一样是长方形，闸口没香港那么多，排起队来，一挤，变成一条L形的长龙。

七月中的北京二十八摄氏度左右，地广，有风，不觉太热。树是绿油油的，路旁杨柳的枝叶瀑布般垂下来，和丰子恺先生的画一模一样。我总觉得中国的柳树特别好看。

友人事先问我要住什么旅馆，我说无所谓，只是一个晚上，哪儿都好。我最终被安排下榻“昆仑饭店”，五星级，虽然旧了一点，但房间宽大，小套房很舒适，应有的设备齐全。

午餐胡乱吃了一顿。友人带我到旅馆的桑拿浴室按摩。这里的浴室地方不大，非常干净。女服务员技术一流，按摩力道十足，穴位找得也准，是专业人士。睡足两小时，精神奕奕地前去赴宴。

北京的媒体真给面子，来了五桌报纸和杂志的记者，大家吃起鲍鱼和鱼翅来。

上几次来北京也被主人请过吃粤菜，比起来，友人这家的厨艺很正宗。我并没有违背良心赞这儿的菜好吃。

“北京菜和广东菜最大的不同在什么地方？”这是记者们问得最多的问题。

我说，前者味浓，后者清淡。最大不同在于汤，北京菜不太注重汤，广东人常花上几小时煲汤，很有心机。

在座的人试了，都说有点道理。

王府井大街

我们入住北京东方君悦酒店，地点就在市中心的王府井。

一早，我上街逛，路上已有很多行人。上次来北京住的是“王府酒店”，在王府井的另一头。我一直问人王府井小吃街在哪，没有人说得清楚。也许是自己的“京片子”讲得不准，或者是当地人不太友善，都问不出所以然，找不到。这次的旅馆在王府井的另一头，一走出去，就看到那条王府井小吃街了。

店还没有开门，零零星星只有几家已经营业。我上前一看，卖的东西都差不多一样，就选了一档较为干净的坐了下来。

先叫一碗爆肚，没有什么味道；再来一碗炸酱面，还好；最后要了荷叶饭，原来是把饭炒了，放在荷叶上面而已。

回来向查先生聊起这件事，查先生说：“还好，你去得早，那块叶子你先用。”

查太太听了说：“也许是昨晚用剩的。”

北京小食，像其他传统菜样，形还是存在的，但味道已不一样了。

再到王府井大街散步，看到许多大商场卖的东西大同小异，没什么看头。经过一家叫“盛锡福”的百年老店，专卖帽子。有几顶是周总理和其他国家领导人戴过的帽子的复制品，其中有一顶貂皮土耳其帽最精美，本来也想定做一顶，但想到没什么机会用到，也就作罢。

到专卖食品的商场去，看见粉红的大桃子，实在诱人，忍不住买了几个。桃子口感很硬。店里的人说就是吃脆的，我不喜欢这种吃法。

又买了一些莲子心，说可以冲水当茶，回酒店一试，果然是“哑巴吃黄连，有苦说不出”。

王府井书店有几层高，大得惊人，书非常之多。经过散文部分，也有数十本我的书摆在一角，像王府井的热闹，消失在人群中。

重访北京

中央电视台首播《笑傲江湖》，大事宣传，也请了原著者金庸先生走一趟，我跟着一起来。

没吃午餐，香港候机楼中有干烧伊面，就以它解决，味道还不错。下午三点二十分起飞，我还没等到可以箍绑安全带已昏昏大睡。最近养成习惯，坐正入眠，这个方式飞机降落时也很管用，不必让空姐来叫醒你以保持靠背竖起，多争取一点睡觉时间。

半途醒来上洗手间，刚回到座位，空姐亲切地问说要不要用餐。我摇头拒绝，但她说："有海鲜米粉，试试吧？"

这可不能错过。亚洲食物现在在飞机餐中占的位置愈来愈重要，飞机餐再也不是专门迎合"鬼佬"的鸡胸肉和那块怎么锯也锯不开的牛排。

上桌一看，一大碗白雪雪的米粉，里面有五只虾、四根冬菇、两条小棠菜。另摆两个小碟，盛放着辣椒酱和生蒜蓉。

据空姐说，这碗米粉的准备程序繁复，汤、米粉和菜都是分开来一样样加热，最后才放在一起完成的，故不能大量供应。

味道如何？普普通通，但就飞机餐来说，已是一大享受。虾还是很新鲜的，但冬菇和小棠菜都是最难吃而且无甚味道的蔬菜，不过加热后也最不容易变色或过老。其实，用美味的芥蓝来代替它们也行，设计飞机餐的公司就是喜欢小棠菜，真拿他没有办法。

我们下榻的“香格里拉”离机场不远，晚上不塞车，二十多分钟就能抵达。

这是北京第一家五星级的酒店，已老旧，但房间装修得干净舒服。看表，已是晚上八点多。

电视台请金庸先生吃晚饭，我也跟去。来到北京，当然是吃涮羊肉。他们说，“能仁居”水准已低落，不如去它隔壁的一家。

凉菜有切丝的心里美。心里美是一种外绿内粉红的萝卜，这里的是切成丝上桌，不过加了糖，颜色也染得很红，有点恐怖。倒是一碟黑漆漆糊状的东西较为特别，那是用黑豆磨完豆浆后取出的渣滓，搅成糊再炒过而成的。我之前没吃过，虽然这不是什么天下美味，也觉新奇。

以为会先来很多种作料自己下手搅酱，原来只有芝麻腐乳酱独沽一味，再加上花生和芫荽末罢了。电视台的人说，这才是老北京的吃法。我本来要问至少有点酱油吧，但也收声。

羊肉是冰冻后用机器削薄片，卷了起来一条条的像蛋卷，都是瘦肉，涮后入口，有如嚼木屑，也像吃发泡胶。

另一种自称不经冷冻的生切羊肉较为可口，但却瘦得离谱，只有不客气地请主人要了一碟净肥的肉。肥羊肉上桌时已闻到膻味，打了边炉（即涮火锅）更膻。我虽很习惯这种羊味，但也觉过分了一点。

其他还有冰豆腐、白菜和粉丝等，肚子饿了，猛往口中塞。

“好吃吗？好吃吗？”电视台的人拼命问我。

我没出声，但说什么也点不下头来。

“‘能仁居’是家老铺子了,烂船至少有三斤铁吧？”我最后说。

对方一脸你不懂得吃的表情。

我用干净的碗舀了一碗汤，递给他喝。

“咦？怎么不甜？”他也喊了出来。

涮锅子还涮不出鲜甜的汤，已证明一切。

第三章

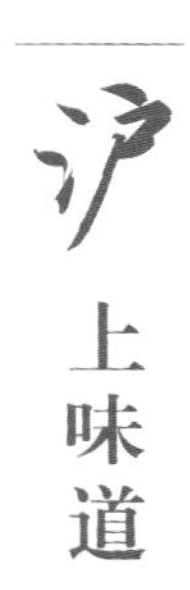

上味道

正宗沪菜

“夏味馆”的八小碟有糖醋小排、热爆熏鱼、虎皮素鹅、美味海蜇、荠菜百叶卷、醇香醉鸡、烟熏蛋和本帮酱鸭。

大菜有香油爆河虾、哆来咪配翡翠面。什么是哆来咪？原来是蟹膏、蟹粉和河虾。还有虾子大乌参、火菜炒甜豆、红烧双拼、水芹干丝、醋熘黄鱼片、酒香草头、农家母鸡汤、招牌生煎包、桂花条头糕等，都有很高的水准。但是老字号的“梅龙镇”就让人大失所望。

“猪油？”伙计说，“现在哪里有人敢吃？”

不用猪油，可以勉强接受，但上桌的菜，死沉沉的颜色，一看就倒胃口，和我上次来试吃的时候，完全是两码事。我只好向各位团友拼命道歉。

道歉也是多余，应该补足。晚餐在“老吉士”，多加几道菜来搭够。

八味冷菜有吉士咸鸡、老醋海蜇、糖醋芝麻小排、上海熏鱼、腐竹烩蘑菇、桂花糖藕、蒜蓉白菜肚丝螺、螺肉拌香菜等，虽和“夏味馆”的菜品有点重复，但味道绝对不同。喜欢吃鸡的团友廖先生更是对醉鸡百食不厌，大赞特赞。

冷菜之一的吉士醉膏蟹，一大碟，红色多过黑色。蟹内充满膏，引诱得不敢吃生蟹的人也要举筷。

接下来的农家豆干烧肉、蟹粉河虾仁、虎皮臭豆腐、上海荠菜妙百叶、冰糖野生甲鱼、蟹膏粉皮、红焖崇明羊肉、葱烤刺参、酒酿蒸鲥鱼、鲍鱼河笃鲜、豆沙锅饼等，无一不精彩，是顶尖级的浓油赤酱的老派上海菜。我多加了八宝猪手和蛤蜊炖蛋两道菜。

“要是每一餐都能像‘老吉士’那么好，就发达了。”我可以看到团友们的表情，但在上海，也只有这家做得到。

老吉士菜

“你把‘老吉士’夸上天，但只说些菜名，到底是怎么一个好法？”香港的友人问。我重复又重复：味道事，只能比较，不可以文字形容，一定要尝过才知。但菜品是怎么制作出来的，倒是能够形容一下。

像那道八宝猪手，是将整只蹄髈的骨头拆出来，酿入糯米和各种配料，蒸熟了再红烧的。这时，猪油已进入馅中，一点也不腻，外面那层皮更是软熟得入口即化。

这道菜工序复杂，材料便宜，难卖高价，餐厅通常都不做。有特别要求的话，需至少一两天前预订。有客人欣赏，大厨还是乐意做的。这样的菜已到濒临绝种的地步，有机会的话绝对要试。

从前最普通的菜式蛤蜊炖蛋，当今的大厨听都没听过。香港的沪菜餐厅中能做得出这道菜的屈指可数。

上海的师傅说：“当然，我会。”结果，做出来的菜品，蛤蜊已打开半壳，放在蛋上，说这就是了。简直是胡说八道。这道菜，蛤蜊要放在碗底，熟后打开，肉汁透入蛋浆，极为鲜美。那些所谓的大厨，扮都扮不像样。

只有“老吉士”才会做这种家常菜。

蟹膏粉皮，一大碟，都是半透明的，原来只取用雄蟹。蟹膏的颜色和粉皮混得非常调和，吃起来，以为每口都是雄蟹膏。

羊肉吃得多，但这道浓油赤酱的红焖崇明羊肉的煮法倒是罕见。更难得的是，它还有十足的羊味，不像其他地方，一红烧，什么肉味道都一样。

鲍鱼河笃鲜，基本上是腌笃鲜的做法，用一个大砂锅上桌，但内容不同。我把食材仔细翻了一下，发现有下述：大闸蟹两只，河虾无数，蛤蜊十几粒。另有咸肉、腌笃尖和大量的鲍鱼。

汤呈乳白色。团友问这是怎么煮成的。

我回答：“你看不到还有两条鲫鱼吗？煎它一煎，再大火滚煮，汤就变成白色了。”

店的人听到笑出来：“你说的一点也不错。”

阿山饭店

到了上海，不吃本帮菜怎行？

一些著名的餐厅，起初的时候味道尚好，后来不断发展壮大，都变成了餐饮集团。此时，菜式特点逐渐模糊，好不好吃已搞得不清不楚。又有些所谓的新派菜式，只注重健康，什么滋味都失去了。

“我要吃最基本的浓油赤酱！”

大嚷大叫也没用，找不到就是找不到。

这次遇到食客沈宏非。他正在制作一本新的饮食刊物《天下美食》，虽然忙得不可开交，但也抽空带我去了阿山饭店。

阿山饭店的地理位置相当偏僻，在上海动物园对面，是家多年不装修的铺子，墙上挂满客人赞美的词句和与老板的合照。

没有餐牌，壁上一角贴着纸条，写着油走肉、糟川汤、炒螺丝、咸肉豆腐汤、尖椒鸭肫、肉末豆腐、雪菜冬笋、荠菜面筋、生炒甲鱼、大蒜炒猪肝等，菜名数之不尽。

“看也没有用。”沈宏非说，“店主阿山去菜市场，买到什么材料就做什么菜。”

前菜油爆虾上桌。啊，是这种味道了，最早的时候在尖沙咀宝勒巷中的“大上海”试过。这道菜做得并不是太甜，我们把整碟吞下。

白切门腔是猪舌，就是那么简单的白灼，也做得好。红烧甩水是红烧鱼尾，的的确确的浓油赤酱，味觉回到数十年前，若见老友。

再来清炒鳝丝、辣白菜。

已经有点饱了。店里有自制的梅子酱，甜甜酸酸，很刺激胃口，可多叫几个菜。用草头来做汤，也是第一次吃到。

这家人的红烧肉做得最精彩，当然口口都是胆固醇。我再三地说：要成为一个美食家，得从牺牲一点健康开始。

最后有正宗的八宝饭，糖下得很多，不甜不要钱。还有一种米糕，中间夹着冬红枣片。那么多道菜，才三百元人民币。

最贵和最便宜

飞往上海。这是第一次乘“国泰”班机。以前我都是乘“港龙”小机，商务位只有八个，一遇到假期就要挤经济位，也没话说。“国泰”的大机宽敞，位子又多，是件好事。

机内中文报纸杂志众多，看完一本又一本，一下子抵达。

这次行程要去三个地方拍美食节目——上海、苏州和杭州，辑成一集，但重点放在苏州。

上海的餐厅，虽然多得不得了，但受香港的坏影响，处处卖高价的鲍参肚翅；本帮菜又因为女士们怕肥，猪油不肯下，走了味。所以，这回只选了两个食肆罢了。

下机后直奔阿山饭店。老板阿山笑嘻嘻前来迎接：“上回你介绍过后，来了很多香港客和本地客，谢谢你了，谢谢你了。今天替你准备了很多菜，你爱怎么拍就怎么拍。”

“工作人员照吃，有多少吃多少。但是要拍的，只是鳝糊、划水、生煸草头和菜饭。”

走进厨房，看阿山示范：取条鳗鱼尾，去骨，切四刀，尾连着；下猪油，把鱼尾爆香；沥干油，再放鱼尾入锅，淋上酱油，加糖红烧。一碟热辣辣、香喷喷的“划水”上桌，百分之百的浓油赤酱，“古早味”。

鳝糊的制作过程与“划水”相似，但是最后，也是最重要的步骤，是把油煮至冒出青烟，这时才能倒在铺着鳝鱼的蒜蓉上，啪啪声爆着上桌。

晚上，我们来到全市最贵的餐厅“天地一家”，就在外滩六号。据说，这家餐厅花了一年时间才装修好。餐厅的布置都能令香港人惊叹，卖的菜也不是什么 fusion（将全世界各地不同菜式的食材、香料和烹饪技术加以创新性的融合，在本地菜式中引入异国风味，打破种族和地域的界限，汇集全球美食），只取做得最好的。

我点了烩乌贼蛋汤、赛熊掌、虾子春笋、蛤虾炖蛋等，还有一道石锅饭，都颇为精彩。

最便宜和最贵的上海菜，都好吃。

新光酒家

又到食蟹的季节。此行到上海，是专程去一家叫“新光酒家”的餐厅试蟹宴的。

和香港的大饮食集团“新光”没有任何关系，这家小店躲在一条巷子里。不过也不难找，著名的“浴德池”就在它的旁边。

有什么特别的呢？

最不同的是，吃的全是蟹肉，整只上的只有醉蟹。这儿做的醉蟹不是死咸死咸的，带鲜甜，一吃就知道与众不同。

冷菜有六个，印象很深的是“烤菜”，非常美味。老板解释做法：“用什么菜都可以做，用个锅，不下油，慢火烤个两小时，再加酱油和糖就行了。”

接下来进入主题。最先上的一碟蟹钳，一粒粒拆出来的肉像白色的樱桃，足足用了六十只蟹那么多，堆成一座小山。吃的都是手工钱，听说店里请了十几个小姑娘整天拆蟹肉。这不算稀奇，但连肉中的骨也拆了，可真不容易。

接着上的是蟹柳芦，把蟹脚的肉也拆了，和切细的芦一块炒，同样是肉中无骨。

蟹黄鲍片豆腐，鲍片没什么特别，用蟹黄勾出来的豆腐反而更美味。

蟹黄翅，胜在不用猪油或植物油，完全是用上汤和蟹油制作而成。

另有一道蟹膏银皮。所谓银皮，是用绿豆做成的粉皮，用雄蟹膏来炒。

最后的蟹粉馄饨最精彩，馄饨做成拇指指甲般大小，肚子再饱也吃得下去。

这么多道蟹粉菜，也不知道一个人吃了多少只螃蟹。以人头计，一个人七百元人民币。到另一间老店去吃蟹，选两只大的，也要这个价钱。

“新光”在阳澄湖有数十亩的蟹田，货源充足。他们即将进军香港的“珀丽酒店”，“老饕”们有福了。

圆苑酒家

文隽曾经再三地向我推荐上海的一家餐馆，名叫“圆苑酒家”。

出发前，我打了一个电话问他要地址。文隽人在北京办事，特地为我通知了老板娘钱瑛，一下子订到了座位。

我们四个人，徐胜鹤兄、当地旅游界的陈经理、司机和我，叫了很多菜，钱女士忙说够了够了。我们说，吃不完打包，结果最后打包的，只有半只蹄髈。

这家人的红焖蹄髈做得特别精彩，胖嘟嘟地上桌，一大根骨头翘在碟上，碟边看到很多粒卤蛋。钱女士笑说：“这儿的菜名都不用自己取，客人会替我们安上别名，他们叫这道菜‘猪八戒踢足球’。”

之前上了些小碟菜，最突出的是糯米红枣。一颗颗红枣中酿着白色的糯米丸子，完全是功夫。红枣蒸得很热时上桌，要小心吃，不然糯米丸会烫伤嘴唇。

椒盐玉米也同样花时间，把一粒粒的玉蜀黍（玉米）拆出来，用油炸了，撒上椒盐。椒盐这种做法并非沪菜传统，我也一向很反对，但是这一道小菜的确适宜送酒。

蒜拌黄瓜海蜇看似很普通，但下了大量的芫荽，和在香港吃到的又是不同。就那么改了一改，好吃得多。

见菜牌上有道叫虎皮臭豆腐的，即刻想试。原来，虎皮取腐皮同音，用枝竹包了臭豆腐炸，味道传不到邻桌去，吃起来照样过瘾。

餐牌上还有一个奇妙的名字，叫“爬跳汤”。我们很想知道葫芦里卖的是什么药。上桌一看，用个砂煲，煲了“爬”的大闸蟹、“跳”的田鸡，又加河虾和蛤蜊，当然不加味精也鲜甜。

怕　　怕

“粗菜馆”在上海开了一家分店，老板崔明贵要我去剪彩。

香港的电视节目大多在珠江三角洲播出，我写的专栏文章也大多是广州的报纸才转载，崔老板怕我在上海的知名度不够，又邀请了吴家丽来参加。

吴家丽内地的电视剧拍得多，演技精湛，很受欢迎。

当年，她在我监制的一部叫《何日君再来》的电影中出演。出日本外景时，大家工作忙，没什么机会交谈。回程的飞机上，座位在一起，聊起吃的，没完没了，四个小时一下子就过去了。

大概因为也是潮州妹的缘故，吴家丽特别喜欢吃。我们谈到潮州家庭吃蚶子，用滚水一汆，刚刚熟，剥壳时要用力，有时剥得指甲都损坏。大家都笑得腰都直不起来。

“吃时血淋淋的。”吴家丽也记得，向记者们说，“血滴从手指流下，流到手臂后，这才叫过瘾。”

记者听得津津有味。

“蔡先生还教我另外一个吃法。用个炉子，上面放破瓦，把蚶子放在上面慢慢烤，烤到熟了，‘啵’的一声，壳打开，一个个地吃。”

上海跑饮食版的记者都很年轻，有位三十多岁的，已被他们叫为“老行尊”，像我这个年龄，不知道成为什么老仙、老圣了。

好在大家的问题都能问到重点，不像有些记者动不动就问：你认为美食对人生有什么意义？我一听到这种问题，逃都来不及。有的人一听到我说西餐也有好吃的，即刻翻脸。怕怕。

王　宝　和

到了上海，顺道去各家朋友介绍的餐厅试试，要是好吃，就组织一个美食团。

去了好几间，都不满意，与我对沪菜的印象不同。我一直向当地人说："你带我去吃正宗的。"

"这就是正宗的呀！"他们说。

我摇头。

"那你认为什么才是正宗？难道我们上海人不知道什么叫正宗吗？"他们有点生气了。

我说："我所谓的正宗上海菜，是又油又咸又甜的。"

"那是以前的人才吃的。"他们说。

"我是以前的人。"我回答。

"那你去老店好了。"

老店就老店。我又去了几家老店，但老店也都改良了。

失望之余，我去了“梅龙镇”。虽然这里卖的不尽是沪菜，但始终“烂船也有三斤铁”，味道是真不错。我又和师傅商量了好几道菜单上没有的怀旧菜，再试一次，结果收货。

来到上海，不吃蟹总说不过去。好几家新派的菜式都是剥好肉的，我吃不惯。

最后，还是去了“王宝和”。

点了一桌子的菜：江南八味碟、蟹粉上汤翅、蟹油明虾卷、菊花对蟹、百粒虾蟹球、煎酿蟹、蟹肉扒碧绿、蟹肉鱼圆汤、蟹粉小笼包，还有忘记名字的几道蟹菜以及自剥肥蟹两只，一定吃得饱。

“王宝和”自己养蟹，有足够水准的蟹才会出品，不会影响招牌。

“王宝和”卖蟹卖得发达，还建了一栋大厦，连旅馆生意都做，实在厉害。旅馆级数虽然只有四星，但位于市中心，很受东南亚客人的欢迎。房间我走进去看过，干干净净，还蛮舒适。他日即便不做酒店生意，仅这块地皮，也不得了。

吴越人家

上海开国际观光节。我已算是半个旅游界人士，与星港公司的老板徐胜鹤兄一齐前往参加，和内地同行打打交道。

“港龙”还是很受欢迎的，差不多每一班都爆满。由香港飞上海，两个小时左右抵达。

抵达时已是下午两点，不想吃太多东西，不然吃太饱没法吃晚饭。我建议去吃面。

附近的淮海路上有两家著名的面馆——沧浪亭和吴越人家，选了后者。

吴越人家的老板就叫吴越人。1993 年流行吃大碗面时，吴越人家兴起。因为生意兴隆，现在已开了二十几家分店。听说，淮海路小巷中的这家是第一家。

店中布置得清清雅雅，墙上挂满书法作品和餐牌。知名度最高的两种面是醇香肉排面和香菇素面，各来一碗。

上桌一看，碗大得惊人，汤绝对喝不完，面条排得直直的，宛如少女的清汤挂面。很多人会以为这面是机器做的，其实是手打的。整齐的面条，是大师傅的手艺。

菜用另外的小碟盛着，与面分开，“过桥”吃法。若嫌这样不好吃，可以把整碟配料倒进碗中，但始终不是很入味。

这样处理是有道理的。那小碟醇香肉排的做法和东坡肉一样，下了很多冰糖，要是把一碟都倒进去，会变成甜品。

素面没有什么吃头，又要了一碗蟹粉虾仁面，也是全店最贵的面，卖三十八元人民币。此面要是在香港天香楼吃，至少要贵出十倍，但味道当然也胜出十倍。

总的来说，这里还是很有特色的。如果香港也照抄开那么一家，也会赚钱的。

沧 浪 亭

在上海吃面，除了吴越人家，就要数沧浪亭了。

两家店卖的基本上都是一样的面条，碗是“吴”的大，分量则大致相同，汤底亦差不了多少。

料和面分开，小盘的菜先上，叫“浇头”。我要了糟香焖肉、酱炒腰片、香菇面筋和炒素菜四碟浇头，摆在面前，配面慢慢吃。

有些人不知道这种叫法，走了进来，拉了女侍指我的菜：“要和他一样的！”

后来我看到另一个“老饕”，竟然可以吩咐硬面或者烂面。我还不知道有这种吃法，显出我是“乡巴佬”。

女侍走过来。我问她：“为什么你不问问客人要的是哪种面？”

“你在柜台上买票时，就要说清楚呀！”她笑盈盈地说，“我们还有浇头过桥、底浇、加浇、宽汤、紧汤和加面呢。”

说那么多，真不知是怎么一个浇法。我一向吃面喜欢汤另上，面是像捞面一样不加汤，认为这样才能吃出面条的原味。

“那么你下次来，叫拌面跟汤好了。”女侍教我。

又学会一样东西。

“我们的服务项目中，客人如有特殊需要，我们尽量满足。你说到，我们就做到。”

她又为我上了一课。

招牌上的“沧浪亭”三个字写得很美，是钱君匋先生的手笔。听说从前的三个字是吴湖帆先生写的，但在“文化大革命”期间被毁掉了。

如果你在上海只有吃一顿面的时间，我会推荐这一家，至少它有一个配料架子，摆芫荽、葱、蒜蓉和各种调味料，一共有十样，任君选择，随意任吃。它有很多分店，我去的店在淮海路上。

努　　力

到上海去吃沪菜，向友人说："请给我介绍一间最地道的餐厅。"

"怎么样才算地道？"年轻人问。

"又甜又咸又油。"我回答。

把友人问倒了，他也不知道上海有哪间菜馆是我所说的。

"又甜又咸又油的菜，怎么算是上海菜？"

"这才是原汁原味的。"我说。

结果去了好几家，都不甜不咸不油。

广东人最知道什么叫原汁原味，所以他们的海鲜都用清蒸。

但是，现在吃到的广东菜原汁原味吗？那也不一定。从前的原汁原味，都要靠好材料。现在蒸一条鱼，食之无味，都是人工饲养出来的。鱼吃的东西都是同样的一大包一大包的混合物，拼命催大，还掺了些化学品。

鸡也是一样，据说要在鸡头打针。蛋更糟糕。鸡农把早晚缩短，用开灯关灯来骗鸡，四小时白昼，四小时夜晚。那群笨鸡以为一天过去了，就生一个蛋。结果，蛋壳愈来愈薄，体积也小了。用这种鸡蛋，不管多厉害的师傅，做出来都不会好吃。

有机会试一尾从海中钓上来的黄脚鱲（黄鳍鲷）吧，包管让你觉得是天下美味。有机会请你妈妈用走地鸡的鸡蛋煎一个荷包蛋吧，包管唤醒你无限的回忆。

这才叫原汁原味。

但是，没有试过“好的”就不知道现在吃的是“坏的”。快餐店的东西吃得津津有味，也难怪年轻人不懂。上帝原谅他们吧，他们是无罪的。

好滋味不摆在你眼前，也不在你家附近卖，需要你努力去寻找。我在纸上也没有办法让你了解什么叫“好的”。

到流浮山，能吃到真正的黄脚鱲。去新界，还是能找到一颗真正的鸡蛋。我在上海吃不到原汁原味的沪菜，也许是我愈来愈年轻，不够努力。

王　家　沙

在生活习惯上，我喜欢饮茶、吃点心。广东点心当然变化无穷，北方点心在香港做得也好，像从前的“乐宫楼”的狗不理、弄堂牛肉汤和烧鸡等。

至于上海点心，始终没有发扬光大。讲到上海点心，家喻户晓的就是“王家沙”了。

“王家沙”创立于1945年。怎么叫这个名字？原来是取自地名。当今的南京西路石门路口称“王家厍”，这个“厍”字上面没有一点的“库”字，发音为“沙”。因为这家店叫了这个名，后来连整个地区也叫王家沙了。

旧时，这家店之所以能出名，全靠脍炙人口的“四大名旦”：蟹粉生煎、虾肉馄饨、豆沙酥饼和两面黄。当今，该店结合所有江南点心，种类有上百种，开了好几家分店，变成了一个饮食机构，合并在梅龙镇集团中。

楼下是工作间，一群员工在拆蟹粉，制作生煎包。地方卫生，过程干净，看得清清楚楚。

叫了生煎包，即刻热腾腾地蒸出一笼，很香，汤汁又多，皮薄如纸。鲜肉小抄手是细小的云吞，配全色血汤吃最佳，用的是最新鲜的猪红。虾仁两面黄比普通的上汤炒面精彩得多，萝卜丝酥饼也很好吃。

看到有猪腰虾仁汤面，马上要一碗，味道不逊于杭州的“奎元馆”。

甜品有五仁酥饼。

八宝饭有个独特的名字，叫“不太甜”，吃后感觉的确是不太甜。

在香港的上海“老饕”一定会常记挂这家餐厅，想起来口水直流。

一脸佛相

这回到上海，是吃蟹来的。每年到这个季节，团友们都有此要求。

“今年的大闸蟹不行呀！”在香港时已有“老饕”忠告。但行程已定，又不能改期。为蟹而来，要是吃到不好的，怎么办？

硬着头皮出发。据事先安排，到达后即大吃一顿蟹宴，返程上飞机之前，再来一餐。今年蟹的品质不高，可以用数量搭配。

好在去的两家都有自己的养殖场，听说我们要来，选了最肥美的给我们。团友们都满意：“谁说不行了？”

入住上海滩最新的酒店“上海半岛”，地角一流。散步到全市最旺的南京东路，找到卖黄泥螺的老字号“邵万生”。

当今，这里已不止卖黄泥螺，店里挤满江浙小吃，大大小小，一包包，买个过瘾。店的旁边还开了一家餐厅，颇有水准，生意滔滔。

黄泥螺已没有黄泥，是在卫生条件很好的地方养出来的，可放心食用，而且非常大粒，有胖子的拇指甲般大小。

买了一瓶黄泥螺回来。虽说用塑料容器装着，打不破，但总有漏出来的可能。我行李中有个旧袋子，用报纸把泥螺罐包好，再以胶袋一层层扎住，就算破了，汁水也只会流在袋子里，不会影响到衣物，最是万全之策。

把那些零售小吃也塞了进去。糕类有绿豆糕、桃片糕和莲子糕;酥类有花生酥、芝麻酥、核桃酥和腰果酥；果类有莲心果、香榧子;外加一小袋笋丝，还有数不清的其他小吃。

豆腐干有干贝豆腐干和肫干豆腐干两种，鱼有香酥带鱼、外婆家醉鱼和咸亨酒店的醉鱼干。好在当今的上海人已懂得欣赏怀旧味，不再是暴发户心态追求西洋食品，我们才有点口福。

有些店员的服务态度还是恶劣的，团友们正要发火，我笑吟吟地说：“不可以用别人的愚蠢来制造自己的痛苦。”

大家听了也都笑出来，一脸佛相。

南伶酒家

这回到内地有两个任务，一是到湖州拍一个酒的广告，二是去郑州探望一个老朋友。

先从香港到上海，由虹桥机场去湖州比较近。“港龙”有直飞上海的航班，当今“国泰”和“港龙”已合并，分不出哪家是哪家了，其实干脆叫“国泰”好了。

早上八点的航班，只需飞两个小时。约了友人在“南伶酒家”吃午饭的，结果七等八等，到达“南伶”时已是下午一点半，让朋友久候了。

上次来吃，留下了深刻印象。“南伶酒家”虽说是卖扬州菜的，但已是香港人心目中的“老上海菜”，老老实实的浓油赤酱，我吃得津津有味。从此到了上海，好吃的店的名单上，有阿山饭店、汪姐的私房菜、老吉士、小白桦，再加上“南伶”。

“南伶”的老板叫陈王强。老店开在京剧院旁的一座小洋房里。

他曾是周信芳的邻居，认识许多京剧界的朋友，所以索性把餐厅名字也叫“南伶”了。

老店被政府接收后，新店开在静安区的嘉里中心南区商场，地方也容易找，进门处挂了一幅胡兰成的字，里面墙壁上多是当年京剧界名家的作品。

我和陈王强相谈甚欢。我曾为“携程”组织了一个美食团去日本福井大吃大喝，陈王强也参加了，一路下来两人更加稔熟。这次，该团的团友们听到我来上海，也都要来，陈王强就为我们办了一桌。他说我上回去餐厅时只叫了几个菜，这次人多，可以齐全一点。我就不拒绝他的好意了。

一上桌我就大喜，看到了我喜爱的“枪虾”。其实，这道菜对我这个南洋出生的人来说是陌生的，我第一次接触是在台北。当年台北还有许多老兵开沪菜馆，在西门町铁道旁的一幢三层的长形建筑中开了多家。我一间间去试，选中其中一家，吃到了新鲜枪虾，活蹦乱跳着，盛在一个大碗之中，上面用碟子盖着，以防虾跳出来。

吃时，先倒入一杯高粱酒，一方面让虾醉了，另一方面说可以消毒。等虾安静下来，便一只只抓出来，按照虾身的弧形用门牙一咬，一吸，就把生虾肉吸了出来。蘸着用腐乳和花雕搅成的酱调味，真是天下美味。

吃剩的虾壳是透明的，一只只排在碟子边缘，成为一圈，美妙得很。经过长时间的训练，我变为吃枪虾专家。来到香港后，“大上海饭店”也卖这道菜，我常和岳华去吃，后来把恬妮也加入进来，她一吃上了瘾。嫌餐厅卖得贵，她在自己的公寓买了一个鱼缸养了一大堆活虾，每天非吃上三两碟不可。

后来传说吃枪虾易得黄疸病，大家都不敢吃了。事隔多年，这回吃枪虾，我“故技重施”，将虾壳排成一圈。坐在旁边的年轻人从来没有见过，连女侍应们也啧啧称奇，大家都举起手机拍照。

当天的冷菜除了枪虾，还有糖醋小排、熏鱼、素火腿、豆瓣酥、切猪肝、炝虎尾等；热菜有烤鸭、油爆河虾拼甜豆、拆骨鱼头、葵花斩肉、红烧划水、苔菜黄鱼、扬州干丝、蜜汁火方、酒煮草头和萝卜丝鲫鱼汤等，都和从前在香港“大上海”吃的味道一模一样，非常难得。

扬州菜注重刀工，我却对经过手掌温度的什么幼丝豆腐有点怕怕，连扬州干丝也不想去吃。但是尝到师傅的拌腰片，那猪腰片切得像纸一样薄,又有整个腰子那么大的一片,倒是非常欣赏的。

苔菜黄鱼，久未尝此味了。这是从前邵逸夫先生一到东京必吃的。活生生的大黄鱼在香港不多，日本倒是有大把，因为日本人不会欣赏。我们常叫大尾的黄鱼，一点就是三吃：红烧黄鱼、苔菜黄鱼和大汤黄鱼，真是鲜美！苔菜黄鱼又叫苔条黄鱼，把背上的大块肉切成一条条，蘸上面粉和海苔一起炸。皮虽然没有天妇罗那么薄，但苔菜粉调味调得好，肉又鲜，当今吃起来还是有大把回忆。

饱饱，谢谢陈王强兄的款待。我一向不白吃白喝，但已当他是朋友，就不脸红了。

从上海再坐一个半小时的车，就到了湖州。湖州我常来，多是到“老恒和”看他们的酱油制作。这回到湖州的另一边，去一个叫南浔古镇的地方。公司租了一间大宅，就在里面拍广告。

先在“花间堂求恕里精品酒店”住了一晚。当今这些古镇都设有安缦式的小酒店，但住得并不是十分舒服，就在食堂胡乱吃了一餐，倒头就睡，并不安稳。

起床，吃罢早餐走出来。所谓的古镇，有溪流，有小艇，但都是花花绿绿的现代化、游客化。一切都像片场里的布景。

移师到大宅去拍摄。本来讲好是拍一些在手机里播放的宣传镜头，到了一看，有上百个工作人员，又打灯又铺轨，俨如电视广告片的大制作。我工作态度好，既来之则安之，乖乖听导演话，一拍就是十多个小时。

江南二月还是阴阴湿湿的，冷得要命。我没诉苦，埋头拍摄。一队工作人员服侍我一个人，也有点周润发般大明星的感觉。

拍广告，我不是最红的，但肯定是最老的。哈哈。

第四章

鲁菜寻踪

汇泉王朝

在汇泉王朝大酒店的中餐厅里，我第一次尝试到正宗的青岛菜。

来之前已听到山东人说：“烟台苹果莱阳梨，赶不上潍县萝卜皮。”

先来一道怪味萝卜皮，果然异常之爽脆可口，香辣味十足。海蜇头也从来没吃过那么弹牙的。拌海螺比鲍鱼片更鲜。腌活琵琶虾看你敢不敢吃了。山东凉粉，是由石花菜提炼出来的，有点像广东人的大菜，但用咸酸吃法。

青岛对虾最著名，可是只有春天才是应季，不时不吃，你吃冰冻的反而不智，吃四季皆有的虾酱好了。有一道叫老渔夫虾酱饼的，虾酱由小虾腌制而成，没有香港虾酱那么咸，非常之鲜甜惹味，用来蘸饼吃。即使没有其他菜，单单此道，已够饱。

韭菜花炒海肠又是一道鲜甜得不得了的菜。海肠就是上次我在韩国拍特辑时活吃的那种海鲜，样子红红的，一直蠕动。看起来很恐怖，吃起来过瘾。这道菜是炒过的，海肠又给切开了，只觉得好吃就是。

辣炒海瓜子又很特别。海瓜子这种东西各地都有，叫法相同，但种类各异。这里的海瓜子像非常小的东风螺，炒得辣辣的，来一碟，一边看电视一边噬螺肉，绝对比花生米更上等。

肉末海参是这家的名菜。在青岛，吃的多数是高级的刺参，软硬发得恰到好处，肉碎很入味，不错不错。

最厉害的是“海蜇里子”。海蜇皮可能你吃得多了，但是海蜇体内有层肉你吃过没有？薄得像牛百叶，是综合了所有海蜇内脏的食物，非常非常鲜美。这道菜用著名的胶州大白菜来合炒，保证你吃完叫好三声。

青岛大包

青岛的小吃可真不少，以饺子和馄饨为主，饼也是很受欢迎的。我对山东菜的知识和好感，来自韩国友人。多年前，我从日本小仓乘船到釜山，一路玩到韩国汉城（首尔旧称），自此爱上这个国家，前后去了不止一百次。一路上所交的朋友里，山东人占多数，他们教会我吃饼。

把一张折叠的大饼铺开，中间夹一根长葱，蘸上面酱，就那么大口咬来吃，痛快到极点，充分表现出山东人的豪迈。

这种饼在山东的餐厅已少见，特别吩咐的话还是有的，但供应的面酱水平不高，一味死咸或腻甜。

馄饨和蒸饺的皮很厚。当年大家穷，吃馄饨都要先吃得饱。馄饨到了南方变成了云吞，皮变薄，馅也精细。至于蒸饺，也是皮厚，比起河南郑州“老蔡记”的，有棉被和床单之别。

我们一早爬起来，往外觅食。可供选择的有几家小吃名店，如“心连心豆腐脑”“甜塘湾水煎扁担饺”等，最后还是去了“青岛大包”。第一次听到山东大包是胡金铨兄亲口描述，他张开双手一比，足足有一只脚那么大。我们都不相信，直到他请“乐宫楼”师傅为我们做出来，我们才叹为观止。

来到山东，友人也说有“板脚子大包”这一回事儿。我们一直追求最地道的食物，故选择来吃“青岛大包”。到了这家名店之后，才发现所有的大包并没想象中大，只有我们的叉烧包的两倍大左右。

馅还是做得好的，但不能以皮薄来形容。包子大，皮才显得薄；小了，皮就觉得厚了。价钱便宜，我把店里所有不同馅的包子都叫来试。有些浪费是浪费了，上帝原谅。

青岛之旅（上）

五月底，去了一趟青岛。

天气比香港清爽，不冷不热，非常舒服。

此行的目的是去宣传新书，青岛出版社安排的。

踏出机舱门，青岛出版社美食编辑部的主任贺林已在等待，“地头蛇”真有办法，可以直接在地勤高层陪伴下走进来。有他们迎接，出闸通关都很迅速，不必排队。

从机场出来，一转角就找到“流亭猪蹄”。这家店始创于清咸丰年间，至今已有150多年了，从小档口变成了一座大厦，有餐厅和酒店。

除了猪蹄之外，整只猪也都卤了，要什么部分有什么部分，当然还有内脏。师傅解释猪蹄的做法：用刀顺趾缝割深道口，放进大锅，煮熟后置水池中冲一天，至没有血水、猪蹄发白。另起锅，加酱油、葱、姜和香菜，焖至脍。

我最有兴趣的是怎么把猪蹄上的硬毛、细毛刮净。有人说是用火烧，有人说用刀剃，但我们做菜的，都知道猪蹄上的毛很难去干净，不知有何秘方。

“从工厂拿到厨房时已经处理好，我怎么知道？”师傅说。

听了哑然。

那么出名的猪蹄，好吃吗？不怕得罪，出品已是流水作业，有点硬，味道不“标青”（非常出众），但也不难吃。

猪蹄应该是山东人最拿手的，因此传到韩国去，在那里大行其道。韩国各处都有卖猪蹄的。首尔的百货公司食品部，一定有一处卖猪蹄，他们还会替客人片好。好吃吗？也不难吃，但不“标青”。

什么叫“标青”？韩国人有一道佳肴，是把猪蹄片加大量非常辣的泡菜，另外加几粒肥大的生蚝，用生菜包好，一齐食之，那味道之鲜美刺激，至今难忘。

我们在青岛的每一餐都有一道凉粉，这是青岛特色。和大连的焖子相仿，这是一种啫喱状的小吃。不同的是，焖子是用地瓜粉做的，青岛凉粉是用石花菜做成的。

“看颜色就知道不对。”出版社的董秘马琪说。他也是一个“老饕”。怎么不对，很难用语言来说明。凉粉本身无味，因为是用海里的石花菜做的，也有点海水的味道，其他的调味全靠酱油、醋、葱、辣椒等。每一家人的做法都不同，都认为自己家里的最好吃，批评了就会打架。

天雨，堵车，到达酒店时已下午五点，刚好配合了中央电视台的外景队的访问。我们入住的是海尔洲际酒店，条件和环境都很好，还有一个可爱的小姑娘当管家，随时候命。

晚饭当然在酒店吃了，可能是旅途疲倦，没有留下什么印象，只记得有一道菜叫“马家沟芹菜”。有什么特别呢？马家沟种的为什么名声那么大？传说中，马家沟的芹菜脆得不能再脆，摔到地上，可以断成几截。

作为老顽童的我当然不会放过表演，即刻夹了一箸芹菜，往转盘的玻璃上摔去，闷声不响，断也不断，原封不动。可能从前摔得断，当今大量生产，变种又变种，哪能摔得断呢？

翌日，本来被安排到菜市场吃早餐，但我担心精力不够，在酒店胡乱“搞掂”便出发到青岛出版集团去。到了一看，是座数十层楼的大厦。出版社已经上市，在内地占一席重要位置。

青岛出版社分教育、时尚生活、社科、少儿、期刊等多个部门，出版了许多名家的全集，制作严谨。我的新书《蔡澜旅行食记》被码成城堡状摆放在大堂里，好让记者们拍照。

原浆

参观完毕，出版社要我题字，想起在大厅中看到的社训是“传承文化、传播知识、传递幸福”，就举笔写了“三传之家”四个字。

从马琪和贺林二人的口中得知，青岛出版社有出有声书的计划，听了大表兴奋，这是我最爱听的。旅途之中舟车劳顿，看书伤神，听书不知好过那些无益的流行歌曲多少倍。国内堵车的情形严重，听书绝对是一个消磨时间的好方法。在国外，有声书的市场很大，和畅销书同时出版，收入不可计数。国内也绝对大有可为。只是从前怕被人盗版，很少人动这方面的脑筋，当今已有很完善的科技来设防。青岛出版集团看准商机，市场触觉极为敏锐。

中午就在出版社里面的BC–MIX美食书店吃，负责这家食肆的马琪一早到菜市场去买了一尾十几斤重的鲅鱼给我品尝。鲅鱼是青岛最重要的海产，几乎每个人都喜欢吃。鱼当然是愈大愈肥。师傅把肚腩部分煎了，真是肥到漏油，甜美之至。

“油泼笔管”的“笔管”就是鲜鱿了，港人叫吊桶，黄瓜般大小，煎后吃。咦？没有鱼子吗？原来也有，做了另一道菜，叫“清汤乌鱼子”。吊桶的卵子圆圆大大，很好吃。凉粉上桌，的确做得精彩。

喝什么酒呢？来到青岛，当然喝青岛啤酒。马琪有心，到酒厂买了一大桶的“原浆啤酒”。所谓原浆，就是没有经过杀菌和过滤，刚刚酿出来的，确实好喝到极点。想到翌日一早就要返港，没有时间去参观青岛啤酒厂，即刻请同事改成下午的航班，美其名曰去参观酒厂，最重要的还是去喝它一大杯。

青岛之旅（下）

在青岛出版集团的餐厅吃过午饭后，又有一堆排得密密麻麻的工作要做。

首先是和各报纸、杂志、电视台的记者见面，接着与读者对谈和签书。我发现青岛人都彬彬有礼、斯斯文文，排队时也绝对没有争先恐后的现象，印象非常之好。

紧接着到青岛的书城。新华书店在这里占据了数层，还有一家二十四小时营业的书店“明阅岛”。青岛新华书店的董事长李茗茗出来相迎，她是位非常能干的女士。她安排了读者见面、签书，一切都顺利地进行了。完事后，她说要请我吃饭，到青岛最具历史的一家餐厅——“春和楼”。

我很想试试的，但已疲倦，晚饭决定不吃了。把明天一早的飞机改成下午，这么做有三个好处：一、可以一早去逛菜市场；二、有时间参观青岛啤酒厂；三、到“春和楼”吃午饭之前，还能享受一顿悠闲的早餐。

工作完毕。返酒店的途中，马琪要带我去一家面馆，本想去吃几口，但还是打包回房慢慢享用。

好好地睡了一夜。翌日一早，贺林和马琪带我到市内的“团岛农贸市场”。市场由几条街组成，有上盖，刮风下雨都不怕。

逛菜市场除了可以考察当地人民的生活水准、勤劳与否之外，最刺激的是看到平生前所未见的食材。世界之大，无奇不有，要学习的事，三世人也不够用。

看到一种叫“末颌”的紫色东西，原来就是小得不能再小、小到看不见虾形状的虾，鲸鱼吞的那种，可以拿来做虾酱。我即刻想到煎蛋，买了一点，中午去餐厅请师傅做。

端午节将至，主妇们忙着包粽子。在青岛，除了我们熟悉的芦苇之外，还有一种圆形的叶子，不知叫什么。回来后把照片发上微博一问，各位网友议论纷纷。有人说是橡叶、青芒叶、柞叶、栎叶等。其中，老友洪亮和大夫韩一飞以及对草药有研究的颐真的评语最有权威。洪亮说是菠萝叶，而大夫韩一飞说是橡树。橡树乃栎属等树的统称，而柞树系栎属，都对。

海鲜档中还有海星，巨大得很，肉不能吃，南方一般都用它来煮汤，穷人家求一个鲜味而已。马琪说，海星可煮可烤，这种

做法没有吃过，也买了。对虾没有活的，都是冰冻品，还有一些是假扮对虾的进口货。如何分辨真假？很容易！真正的对虾，脚是红色的。

市场中还有多档卖凉粉的，有的做成圆形，有的做成方形，颜色有深有浅，令人目不暇接。青岛的凉粉几乎都是吃咸的，没看过他们做成甜品的。

逛了菜市场才去“医肚”（吃饭），更加美味。到一家叫“小林媛”的小店吃当地人最地道的早餐——馅饼，炸得外脆里面还是湿润的。好吃吗？你若在青岛长大，就好吃，千万别发表意见。下馅饼的是一碗浓浆，泥土颜色，叫“甜沫”。另外，店家会给些榨菜丝，也有油条、豆腐脑、茶叶蛋等小吃。

可以去喝啤酒了。

酒厂就在市中心，到了青岛千万别错过。多年前，我到访青岛时已经去过一次，这回再去也不厌，因为原浆啤酒是喝不厌的。于1903年开创的青岛啤酒厂很值得去，可以彻底地了解啤酒的历史和制作过程。这种饮品已存在数千年时间，在埃及金字塔旁边就挖出很多酿啤酒的器皿来。

试饮是免费的，冰凉的原浆啤酒直透心脾，有你想象不到的香气，喝了才明白为什么会上瘾，即便长个“啤酒肚”也不介怀。

很快，已是午饭时间，奔“春和楼”而去。

星期天不堵车，提前四十多分钟到达，不如在附近走走。“春和楼”旁边有条小食街，叫“劈柴院”，1902 年已是青岛最热闹的地方，不过现在本地人已经很少去了，小食街做的是观光客的生意。有什么不好？我们也是观光客呀。

巷子里卖各种烧烤，有烤海胆、螃蟹、蚱蜢、知了、蚕蛹、蝉蛹、蝎子，还有一种字条上写着“小强”的。别以为是甲由，其实是广东人不怕的龙虱。

进入已有 120 多年历史的“春和楼”，老板亲自招呼，是给请客的李茗茗面子。李茗茗本身也是一位“老饕”，介绍了种种失传的青岛美食。

餐厅最著名的是香酥鸡。我对鸡一向没有好感，油炸物更没兴趣，勉强试了一口，哎呀呀，的确又香又酥，像印尼的炸鸡，但有过之而无不及，令我对这道菜大为改观。

接着，九转大肠、葱烧海参都不错，喜欢吃的还有爆炒腰花。我们买来的海星被端上桌，原来是把斩成一条条的脚煮熟罢了。李茗茗示范怎么吃：把海星脚翻转了，用手掰开，露出里面的海星卵，墨绿色，有点像鱼子酱，口感也像。

李茗茗问我对青岛印象如何。老实说，这几天被马琪和贺林两位招待得很体贴，青岛读者又热情，印象是好的。

“那会不会再来？”李茗茗问。

我说：“只要有一样菜引诱到我，即刻来。”

李茗茗开始说：“有一种生螃蟹，是我家乡莱州湾才有的梭蟹，充满肥膏，先用暖和的盐水，下白酒，把蟹放进去泡，盐水要放冷后才可以泡，三天之后把螃蟹捞出来，重新煮盐水，凉到室温，再把螃蟹放进去，腌三四天，即可食之，美味无比。”

一下子想到韩国的酱油蟹，太诱人了！有这么一种我没吃过的生腌螃蟹，等秋天蟹肥，非再到青岛走一趟不可。

生螃蟹的承诺

“明年秋天，螃蟹肥时，我会再来。”我向李茗茗承诺。

李茗茗是青岛出版集团旗下的青岛新华书店的董事长。2016年，青岛出版社为我出了一本叫《蔡澜旅行食记》的书，大家聚餐，谈起韩国首尔“大瓦房”的酱油螃蟹有多好吃，李茗茗听了不服：“我们莱州胜水镇的螃蟹，肥得不得了，也生吃，那饱满的金灿灿蟹黄，绝对令你一吃难忘！”

秋天来到，可以出发去青岛了。

2017年，青岛出版社又为我出了两本新书，叫《忘不了，是因为你不想忘》《爱是一种好得不得了的“病毒”》，谈年轻人的恋爱问题。这也是万年不变的问题，永远不会过时的问题。

我和青岛出版社有缘分，最初接触到的是编辑部主任贺林。他把书编得舒畅，印刷又精美。传媒副总经理马琪干劲十足。两人为我招呼得体贴，都是头脑灵活的年轻人。这回遇到了董事长孟鸣飞，才知道他怎么把整个上市集团搞得那么有声有色。孟鸣飞谈吐幽默，做事果断，很会用人。其实，这类人物，干什么都能成功的。

这回去，说是宣传新书，主要目的还是吃、吃、吃。

第一顿，在集团大厦中马琪主办的BC-MIX美食书店用餐。BC-MIX已开了五家，八家在建，到2018年尾将开到五十家。这家餐厅把食物弄得很精致，中菜西上，第一道菜就是生腌螃蟹。这已是我第二次吃到。马琪知我喜欢，已经在我去上海时托人把一大罐生腌螃蟹送给我试。我一吃，觉得一味用盐水，复杂程度不够，如果能加一点点的糖，更会吊味。这次马琪依法制作，做出来的果然出色。但是他说这还不够正宗，要等吃过李茗茗腌制的才能算数。

生螃蟹吃了不会拉肚子吗？有人问。做得好的，哪会？韩国首尔“大瓦房”已有上百年了，屹立不倒，从来没出过事，青岛的当然可以照吃不误！

晚上去了一家餐厅，有煮熟的螃蟹，个头都很大，一整盘有十多只。

李茗茗的父亲写过一篇关于莱州蟹的文章，说吃蟹也有禁忌：不宜饮茶，否则会冲淡胃液，导致蟹肉的某些成分凝固，很可能引发腹痛、腹泻。我哪里管得了那么多，一杯杯浓得似墨的普洱茶滑进肚中，果然喝出毛病来。后悔当晚为什么不饮茅台。

一晚没有睡好，我也无怨言。自知我这个大吃大喝的人，杀生甚多，几年一次来个肠胃大清理，也是好事。不过，还是小心一点的好。

工作人员看我不舒服，大为紧张。我摇头说不要紧不要紧，照样通宵把拿到酒店的那几大箱书签完，加上在会场签过的，贺林说有两千本。

出版社已把我写过的东西发到网上做成了有声书，我一向推广这种听声的阅读方式。在美国，每出一本畅销书必同时推出有声书。像这回我在沿途中，已把丹·布朗（Dan Brown）最新作品《本源》（Origin）听完。有声书的市场很大，绝不容忽视。青岛出版社的市场反应敏锐，已在这方面着手。

是日午饭安排在一家叫“船歌鱼水饺”的店里吃。“船歌”派出国宝级的面食大师王桂云来陪我。肚子有点毛病，吃水饺是最好的了。

上的第一道水饺就令我惊喜：一个碗装着用山药煮的两种水饺。一吃之下，才知道水饺可以吃甜的，包着的是山楂和山东出

名的莱阳梨，非常之特别。

再下来是黄花鱼水饺、黑颜色的墨鱼水饺、鲅鱼水饺、三鲜蛎虾水饺。另外有种一年只卖四十五天的海胆水饺，也给我碰上了。但是不客气地说一句，海胆生吃才有味道，不然便是炸天妇罗式的，外熟内生。煮得全熟的海胆水饺，没什么吃头。

最后的甜品是榴梿水饺和菠萝水饺，前者我常吃，后者我不喜欢。其实水饺馅也不必为了特别而特别。中间忽然出现的一道又红又绿的，原来是用青瓜和胡萝卜包的水饺，在色彩上求变化，也刺激了味觉，这才是平凡中见功力的地方。

除了水饺，就是李茗茗特地从莱州带来的腌好的生螃蟹，一大碟生的和一大碟煮熟的，每碟十多只，满满的，上桌时颇有气势。把生螃蟹剥开，里面的膏充满整个壳，又金又黄又红，那种诱人的视觉是不可抗拒的，完全是李茗茗花的心思。

“来一点吧，来一点吧。”李茗茗说。

但是想起自己前一晚双手掩着肚子的痛苦，说什么也不敢再碰。本来死就死，吃了再算数的，但是接下来又要乘两个多小时的高铁去济南再签一场书，如果吃了影响工作还是不当的。

我看着李茗茗，再次向她承诺：“明年秋天，螃蟹肥时，我会再来。”

济　　南

济南是山东省的省会，有大城市风貌，道路的建设非常合理，分经和纬，从第一路一直算上去，东南西北，一下子认出来，我认为今后的新城市都应该采取这个制度。

无论青岛还是济南，图书馆都很大，一个地方的文化可以从图书馆看出来。有的地方的图书馆外形很贵气，或古典希腊式，或哥特式，还有像佛罗伦萨建筑的。山东的图书馆美观大方，绝不像香港那座，不中不西，不古不今。

内地几乎每一个都市都有一个人民广场，硕大无比，但是吸引大众去人民广场的，是它地下的超级市场。你想想看，整个超市和人民广场那么大，还得了吗？可能除了汽车那里什么都卖。

我们下榻的皇冠假日酒店，五星级，就在广场对面，走出去就能购物。如果带大家来，都会觉得满意。

所有建立广场的地方都是新区。小说、戏剧、散文中的济南，与其他著名的城市一样，都在渐渐地消失。我们不能一直活在过去，不然会失望。像大明湖等名胜，已不是《老残游记》中的景象。济南以泉水见称，趵突泉的泉水看起来快枯干了。

不过，还是有很多大餐厅在这里经营。我们去了一些饺子店吃全饺宴。去一家叫“菜根香”的，的的确确吃到很香的芫荽根。光棍鸡也很出名，生剥来烧，不加一滴水，味道浓郁得不得了。

查先生说，要想吃好的山东菜，就应该去烟台。烟台我们是没时间去了，但最好的烟台菜，反而能在济南吃到，不虚此行。

到济南的主要目的，还是去看山。济南离泰山很近，只要一个多小时的车程。内地许多地方都在改变，只有山不变，最多加条缆车罢了。

看山最好，我喜欢看山。

泰安宾馆

泰山脚下的城市，叫泰安。

来这儿，看完山吃饭或吃了饭看山，总要有一顿。之前打听清楚，最好的餐厅是泰安宾馆的饭堂。

靠山的话，泉水一定清甜。水一好，豆腐就美。先来一碟椿芽豆腐，少少的数叶椿芽已够香，豆腐味道更浓，绝对不是一般在超市买到的可以比较。

炸赤鳞鱼，一碟之中只摆了十尾，长长小小的，像在碟中游泳。这种鱼只在泰山的山涧中才能捕捉到，别的地方绝对没有。鱼的骨头和肉都异常细小。鱼儿不小心跳到石头上，给太阳一晒，全部熔化。炸出来的赤鳞鱼的确香甜，单单是吃这尾小鱼，来一次泰安也值得了。

“三美汤”中，我只记得其中“一美”，就是山上种的白菜。用它来炖汤，慢火细功熬出来的汤，不加其他“二美”也清甜。

把当地种的蔬菜拌在一起炒，叫炒合菜。这种山东菜我在别的地方也吃过，有时菜名叫“是但”，有时叫“随便”，总之当天厨房有什么菜就拿什么来炒，就叫炒合菜。

豆腐吃不过瘾，再来一品。这次用炸的，即炸豆腐丸子，也清淡得美味。

除了用豆腐做丸子，萝卜也可以用来做丸子。那碗清汤萝卜丸子，比什么肉都好吃。

都是蔬菜，吃到有点厌时，来了一个“鸿运当头”，那是用整个大猪头红烧出来的。据说西门庆也好此物。吃了才知道，原来西门庆不只对女人有研究，对食物也甚有研究。

甜品上桌，有一道叫雪花桃仁的，并没将核桃仁全磨碎，吃起来有口感。不过精彩的是泰山梨丸，一咬丸子，里面果然都是梨丝做的馅儿，真特别。

第五章

川渝争锋

点　　火

友人邀我去九寨沟，说有一公事商讨，欣然赴约。

九寨沟的名气大，都说“九寨归来不看水”，又经过无数的纪录片和电影电视剧的拍摄，已经变为神话，有“人间仙境”之称，谁没听过呢？

人一生非去一次九寨沟不可。有此机会，岂能放过？我从香港出发，到深圳机场，再飞成都，转机前往。香港有直飞成都的呀，有人说。是有，但为了和内地朋友汇合，就多走一趟。其实一早去，不塞车的话，也只需四十五分钟左右。

内地的商务客舱和头等舱分不清楚，总之就是有高人一等的待遇。入闸手续有特别通道，并不挤。下飞机时，如果没廊桥需要摆渡车的话，也会有另一辆小巴士来载你，令客人感到物有所值。

如果你久未乘内地航班，就不会记得，原来打火机是会被没收的，不管你带的是“都彭”还是“登喜路”，一律要你自动扔进废物箱中。

到底抽烟乘客还是不少的，通关后，登机走廊中一定可以找到吸烟室。走进去，口袋一摸，才发现身上无火。

怎么办？大家一样，又不能借。这时，你就会看到吸烟室的一角有个长方形的铁盒，盒上伸出四个打火机头来，被锁死在这里，不让人家顺手牵羊。

吸烟者要低下头去迁就那个打火机的位置。众人皆用同一个，因为其他三个都坏了。

点火的样子是：走近，一鞠躬，咔嚓咔嚓，终于点着。呼出来的不是烟，而是一口叹息的气。

抵　　达

在成都住了一晚，翌日飞九寨沟。

在候机楼等了又等。虽候机楼里有茶水和泡面，但还是走到餐厅消磨时间。据当地人说，飞九寨沟的航班，不是误点，就是不能起飞。但为了去看那“天堂”，心情兴奋，也不觉辛苦。

终于，播音员用标准的普通话和只有她自己才能听得懂的英语宣布，可以登机了。大家松了一口气。

九寨沟和成都的距离近得不能再近，好像一起飞再降落就到了，但是这一程，可不好受呀。飞机直线上升，经过各个高峰，海拔从两千米到五千米。从窗口望出，有些客人已尖叫起来。

听到更大的一声声响，原来是遇到气流，飞机骤然下落，不知哪里发出的巨响。手上的茶也泼了我一身。接着，飞机不断地颤抖、摇晃，整架机忽然像要被拆成碎片。婴儿、小孩的哭声不停，大人吓得脸青罢了，倒没作声。

因为有雾，飞机盘旋了数周才落地。都说能起飞让人松一口气，其实这时着陆才是真正地松了一口气。

出闸，天气由成都的二十三度降到只有三度。机场商店大卖防寒衣物，友人说不管多丑、多贵，也得买了。

我早已准备好，里面穿了一件长颈驼毛毛衣，外面添件很轻的雨衣，加一条围巾即好。这难不倒我。

要人命的，是稀薄的空气。

高山反应

高山反应来了。头开始咚咚作响，痛得欲裂。上次查先生请我到丽江旅行，已有经验，一不舒服，即刻把“必理痛”当花生米那么吞就是。

另外，不能有太剧烈的动作。查先生说，慢慢走，像乌龟一样，一定没有事。奇怪的是，他没到过高原，这方面的知识却那么丰富。

从机场到酒店还有一段距离。我向司机说停下来吃点东西吧，但经过几个村庄，没有一个是卖吃的的。司机说，当地人不懂得做生意，也不太开食肆。我说没理由，有卖纪念品的，一定有得吃。果然，在一大堆围巾、香料、宗教器具之中，有一盆煮玉米，是黑色的，即刻买来充饥。玉米微带甜，像我们平时吃的糯米玉米，黏黏的。

再往前走，在我们下榻的酒店附近的一个村中找到了餐厅，要了几个菜。牦牛肉硬如皮革，汤似水。埋单，一点也不便宜，谁说当地人不懂得做生意？

在酒店前的高山下停车拍照，这个景点在欧洲可不算什么。

终于到了酒店，是一座把植物搁在一个巨大的玻璃鸟笼上的建筑。我们要的是最好的套房，有个阳台，面对着高山，但不是黄山般的山水画意境。

经理级的人员对我们招呼周到。我们到酒店餐厅，行政总厨也出来招呼。我们向他要几个拿手的菜，但他们还是做出一些“不所以然”的东西，这让我更是同情其他食客。

向酒店借了一部DVD机，看了几部电影，还是不能入眠。

高山反应持续，呼吸困难，晚上睡得颇不安宁。

我们要在这里连续住三个晚上，玩四天，日子要怎么过呢？名为“天堂”，到底是不是？为了九寨沟美景，什么都值得了吧？

文明世界

第二天一早，和友人直奔九寨沟。天啊！山再多，树再多，也比不上人多！

以为一下车就能看到美景，但原来像到了迪士尼乐园。景区有一个关闸，大家排长队买了昂贵的门票，挤进去。

旅游车载满客，每到一个所谓的景点，导游就让大家下车，拍了照，又上车。所有的泉水、瀑布、丛林都用栏杆围了起来，山水变成动物园的猛兽了。

美吗？美吗？有些地方是不错，但赏景的欢乐已被周围游客的喧哗破坏，和法国南部相比，让人自由观赏的气氛尽失。在门口刻着“九寨沟”三个字的大石前拍了一张照片后，我和友人商量：我自己先回去。

怎么回去？飞机颤抖得厉害。友人建议，不如坐车吧！但只飞半小时的旅程，坐车需要八小时，还是乘飞机吧。

本来买了昂贵的门票要看大型表演的，也放弃了。收拾好行李，逃之夭夭。

在闸口等了又等，本来十二点四十五分起飞的航班，一直等至下午四点。要改签又说不行，只有打电话向成都友人求救。果然，认识人就是不同，改了一班即刻可以起飞的。

在机场那几个小时，越等越冷，越等越饿，但也不想吃东西，一味想早一点离开。虽说班次已改，可得等到起飞才能算数，不安的心情没有停过。

友人迟几天走的。他后来说，一早到机场，在成都转机，抵深圳时已花了十几个小时，不如去加拿大看尼亚加拉瀑布了。

终于起飞，还是一路颤抖，空姐那些绝对让人听不懂的英语照样刺耳。

从窗口看到了成都机场，心中大喊："终于回到了文明世界，终于回到了文明世界！"

玉 芝 兰

因为缩短了九寨沟的行程，在成都的日子多了起来，可以慢慢看，慢慢吃东西。在成都有一友人，写食评很有名，叫“美食小魔女”文西。由她带路，一定能找到好吃的。上次去成都，她带我去的那家“喻家厨房”，在狭巷中，让我印象犹深。

我问：“有没有和‘喻家’一样水准的？”

“成都一共有三家，除了喻家厨房，还有玉芝兰和悟园。”文西回答。

这三间都有一个共同点，那就是厨师做什么客人吃什么，把这种方式叫私房菜。当然，熟识了之后，再吃些什么特别的，店家也可以提供服务。

“玉芝兰”在一条不起眼的街上，也没什么大招牌。主人兰桂均在门口相迎，请我进去。主人面相甚为慈祥，第一印象即为大好。店内布置得清清雅雅，只有三个包间，十六个餐位。在这里，像招呼朋友，完全不是为了生意而生意。

碗碟食器都是主人自己烧的，没想到他还有这份雅兴。先上桌的是四手碟和时令水果。四川人吃饭前先上水果，也是特色。餐前菜是竹叶青，跟着餐前小点有健脾养心益胃粥，这点很像韩国人的吃法。先让客人在喝酒之前包着胃壁，的确文明，在中餐中还是罕见的。

接着的凉菜和热菜一共有二十道左右，前者较普通，后者皆有特色。最出众的是兰师傅的拿手好戏：开水白菜线面。

客人可以亲眼看见竹升面的制作过程：只用鸡蛋和面粉，不加水，擀出超薄的面条，切得细如发丝，加入开水白菜汤即烫熟。

单单为了这份面，也值得去成都走上一趟。

悟　园

成都的几家私房菜之中，最有规模的叫“悟园”，里面庭园流水，气氛优哉游哉。

主人是位叫蒋宜轩的女士，人长得小巧，魄力可真大，不惜工本，要将四川菜做好。当晚由大师傅张元富主掌，菜单如下：四景碟、时令水果；凉菜有本家攒盒、隔夜鸡、串串、八味碟；热菜有茅香烧大甲鱼、抱蓉瓜脯、粉蒸土猪肉、萝卜烧仔骨、苦荞炒土鸡蛋、泉水苕尖；随饭菜二道——甜椒肉丝、韭菜活血；主食为茶泡饭；小吃有肺片锅盔配酸辣豆花、叶儿粑配发糕、泡菜土豆泥、牛肉荞麦面和红糖小汤圆。

每种菜都做得好吃，最特别的菜叫“风味雅鱼歌”。这是一道堂烹的汤，分三次喝。

雅鱼，是四川的一种特产，肉极甜，但刺多得不得了，只能做汤。先把鱼片了，烧个清汤，再用肉丸熬，最后用蔬菜煲得特别浓。

文西的小师妹曲巧雅在我们面前亲自制作。她本来是位写饮食的记者，爱上厨艺后就一直留在“悟园”学习，画出很多特别的造型来点缀大师傅做的菜，后来也做了这家餐厅的股东。

我们看着她将雅鱼的骨头一一拆下。有一根头骨形状奇异，像支古兵器。巧雅将其放在锦盒之中，送给我当纪念。

各位去了成都，千万要去这三家很特别的馆子，“喻家”、“玉芝兰”和“悟园”。老字号如“陈麻婆豆腐”“龙抄手”等国营店，水准已降低，不值得去怀旧了。

金 川 梨

在“玉芝兰”用餐时，上的水果是梨，清甜无比。梨的个头比日本的“二十世纪梨”还要巨型，拿在手上，有点黏手的感觉。

“这叫金川梨，是我们这里的特产。买回来洗干净，放几天后，外面又有一层像蜡的东西，那是糖分渗透了出来。”兰师傅解释。

好奇怪，决定买些带回去。

翌日一早起床，也不想麻烦友人接送，在下榻的“洲际酒店”外叫一辆出租车算了。

司机是一位女士，很亲切。问她一小时多少，回答八十，极合理。吩咐她往菜市场走，去了好几个。别的梨倒是不少，就是找不到金川梨。

市场中卖水饺和面条的档子很多，看到比乌冬还要粗一倍的面条，黄颜色，未见过，问叫什么面？答：糖水面。

吃甜的吗？也不是，要了一份。小贩用个塑料袋塞入漱口杯，面条放进去后淋上酱。好家伙，一淋就是十多种不同的，又加芫荽、杂菜等，才卖两三块钱一份。

最后在一个叫“抚琴”的菜市场中买到金川梨。女司机见完成任务，松了一口气。但与友人约好的时间已到，为了赶路，她驶入高速，又付过路费，把我准时载到。如果算时钟，这些她都不必做的。

下次去成都，可打电话给她。她和她的先生共有两辆车，一定找得到。

顺带一提，吃饭后回酒店，怎么也睡不着，打电话请了酒店水疗部的一位按摩技师按摩。技师叫莉莉，相貌娟好，技艺一流，可以大力推荐。

梓　　楠

中午，在一家叫“梓楠”的餐厅吃粤菜。去了成都，吃什么粤菜呢？这都是因为迁就友人文西，她就住在餐厅附近。

到了一看，餐厅装修极为摩登，原来是高文安的手笔。地方很大，楼顶又高。如果我下次来成都和微博网友开见面会，这倒是一个很合适的地方。

别光记挂着四川菜，将就一点吧。正当那么想，摆上桌的却是最基本的川菜——蒜泥白肉、回锅肉、鱼香茄子、蚂蚁上树等，都能做到原汁原味。

主人叫李奇，是做药材起家的，开这么间餐厅，是因为喜欢吃自己所爱的。维持最基本的做法，材料不贵，但下足功夫。他笑着说，好在物业是自己的，不然就要亏本。

广东菜接着上，烧鹅、咸鱼蒸肉饼等，像模像样。原来，邓萃雯的父亲常从香港来指导。他功力十足，教出来的粤菜地道得很。

向李奇表明来意，要借用地方。他说：“何必等到下次，马上来好了。”

我即刻在微博上发了一个见面会的消息，临时通知，能来多少是多少。

翌日，成都的天气罕有地放晴。我把场地由室内搬到花园，将椅上的蒲团拆下，让那几十个网友席地而坐，和他们做一个甜蜜又温馨的座谈会，大家高兴得很。其中美女不少，没有破坏到四川的声誉，最后还来了一位身材“发达”的。文西的又高又漂亮的师妹杨毅也感叹说：“这简直是人间凶（胸）器呀！”

重庆印象

成都，相信有很多人去过。重庆呢？去过那里的香港人应该比较少。

“什么，成都和重庆，不都一样是四川吗？”有香港朋友问。

不一样就是不一样，成都人不认重庆人是四川人，重庆人更视成都人为“死敌”，两个地方的人一碰面就要吵架。

虽然两地都吃爱辣椒，个性皆火爆，但成都人吵了半天打不起来；重庆人不止嗓门大，脾气更大，拳来脚往是等闲事。

为什么两地不和？政府从前把重庆划到四川省去，中央拨下来的钱，无论分配得多平均，重庆人都觉得吃亏，矛盾就产生了。

自从重庆成为直辖市之后，冲突就没那么厉害了。重庆人得回自尊，天下太平才对，但不尽然。举个例子，有个说单口相声的人，在成都很火。

怎么那么受欢迎？因为他在成都拼命说重庆人的坏话，说呀说呀，就火了起来。他趁机开了一个火锅店，当众表演，生意当然也火了。

钱一赚到，他就更贪心了。重庆人重金把他请去，他就开始说成都人的坏话，结果在重庆也很火。

直肚肠的四川人，获悉真相后愤愤不平，觉得这条“两头蛇”实在可恶，乘他不防，给他捅了一刀。最后，这个说相声的就销声匿迹了，火锅店生意也没那么火了，做人也低调了起来。

我之前也没去过重庆，这次借香港贸易发展局在重庆举办“香港购物节”的机会，加之我又是香港一家厨具公司的代言人，就和大伙一道到重庆去了。

“有人认识我吗？”我问。

美亚公司的黄总说：“当然有。”

原来重庆可以收到一个叫“旅游卫视”的电视频道，“旅游卫视”买了我从前的旅游节目播放。走在街上，还有人叫得出我的名字来。

这下子，我可乐了，尤其是听到成都和重庆都是出美女的。

印象中，重庆是一个山城，他们也叫自己是山城人。

山城，应该是被重山包围的吧？这些印象完全错误。

香港直飞重庆，只要两个半小时。从窗口望下，只是一片陆地，时见凸出的山头，倒有点像香港，所有建筑都在半山中。

当然，此半山非彼半山。山头上，左一群右一群的建筑，分布得很散。

这时候望下，看到两条大川。原来重庆非但没有被群山包围，反而平坦得有河流经过。那两条河，就是长江和嘉陵江。

两江交汇之处，叫朝天门，我们日后会去看看。公元前十二世纪，古代巴国在此建都，嘉陵江古称“渝水”。时至今日，重庆仍简称“渝”，所吃的东西，就叫“渝菜”了。

重庆人特别强调此点，说“渝菜”和“川菜”根本就是两码事，简直当后者是外国菜。

我们下榻的是希尔顿酒店。此集团在东南亚已没落，香港的希尔顿早被拆掉，但在内地还吃得开。

放下行李后就去“医肚”。江边的餐厅倚山而立，在平地的是十三楼，一直往下走，这是重庆独特的建筑。

江边的房屋，川上的舟，都给颜色缤纷的霓虹灯捆着边儿。这类装饰全国可见，美丽的夜景，一下子变得俗气。看经过的女人，全脸浓妆。我开始担心，在重庆遇不到美女。

翌日吃了一顿很满意的地道午餐，到会场去。

地方大得惊人，分两层。香港过来摆货的摊子一共有四百个，吸引了不少人前来。

古巨基也来演唱。五十岁以上的老太婆都像少女一般尖叫了起来，我笑得差点跌落地上。

中午到一家叫“渝信川菜馆”的地方吃饭。我问当地人：“你们不是说渝菜比川菜好吗？为什么不带我去吃？”

“不同嘛，不同嘛，比他们辣。”当地人回答。

选了三道最典型的川菜：麻婆豆腐、担担面和蚂蚁上树。

麻婆豆腐的确比不上成都“陈麻婆”本店的那么滑，虽然多加了辣椒和花椒，但是我觉得麻和辣，都不应该是死麻死辣，最初没觉得什么，越吃越厉害的才是高招。

担担面每家人做的都不同，这里做的是干的，我比较喜欢。我认为担担面如果变成了辣汤面，就没那么美味了。

蚂蚁上树摆上桌，一看，好家伙，碟底浸满了汤汁。我开玩笑说：“给长江和嘉陵江的水浸了。”

回到会场，当地电视台最受欢迎的节目《食在中国》的监制唐沙波和主任苏醒来了。他们每天制作饮食节目，当然知道什么是最好吃的。问他们，一定没错。

请了当地一名厨师表演粤菜。我想起查先生说过：“上海人不懂得烧粤菜，广东人的沪菜也不会烧得像上海人的。”

好，看看这位重庆大厨有什么惊喜。大厨准备了一道炸酱海鲜卷，制作过程没给人家看到；另一道是美极虾，用美极酱油来煎。

轮到我做菜。一看什么食材都没准备，连酱油也没带来，就把海鲜卷中的咸炸酱剥开，倒入剩下的鲜虾中，再用蛋黄炒之，勉强过了一关。

《食在中国》的女主持李一南自告奋勇，要带我游重庆。

去了最热闹的八一路。她说：“在这里，十步之中，可以看到一个林青霞和一个巩俐。”

“她们都是山东人呀。”我笑着说。

在闹市中，看到有女人坐在街边吃东西，也有的捧着塑料碗，边走边吃。

“这是我们的习惯，不足为奇。”李一南说。

我当然也不会抗拒，要是吃的人是林青霞或是巩俐。

找到最出名的一档卖辣粉汤和一摊吃煎丸子的。前者有点像台湾的面线糊，后者是把有芝麻馅的丸子煎了一煎，吃干的。

“好吃吗？好吃吗？”当地人问。

一说不好吃，就会引起骚动，那是地域自尊，绝对不可以批评的。我一向以最聪明的答案回敬，那就是：“不同，不同。”

翌日一早，女主持又带我们去长江和嘉陵江交汇的“朝天门”。未到时以为是在江边的，哪知一去才知道是一个充满服装批发店的高档大厦。

“会看女人的人，不去八一路，而是来‘朝天门’。”女主持说。

“为什么？”我问。

她说：“进去就明白。”

走进一间大建筑，里面十多层，都是卖女人衣服和鞋帽的，每一家里面站着三至四个女子，年龄都不超过二十五岁。

这就是他们的模特儿了。客人一指定要些什么，她们即刻脱下现有衣服，穿给你看，脱到只剩下内衣。我不能说重庆都是美女，但重庆女人的身材，多数丰满。

几百上千间店，美女数不清。你如果好于此道，不妨一游。香港人怕是会蔚为奇观，尤其是到了夏天。

第六章

闽菜传承

第　一　次

因工作关系，这次有机会来到福建。这是我生平第一次踏足福建，觉得又荣幸又惭愧。

我这一生，受福建文化的影响甚深。

从小，邻居杨先生一家人很爱护我，教我讲他们的方言，引导我吃他们的食物，并讲了许多许多福建故事给我听。

这家人做的福建薄饼是我吃过的之中最好的。当然，我们小时候的这种“最好”印象，长大了并不一定认同。

在南洋，找不到福建人公认为包薄饼必不可少的浒苔。那是一种细小的海藻，炸干了变成墨绿色。在馅上撒大量的浒苔，这样做出的薄饼才是正宗的，所以南洋薄饼不是“最好”。

南洋薄饼以大量的蒜蓉、辣椒酱及甜豉油代替浒苔，有另一种独特的味道，和我认识的南洋福建文化一样，与内地的有差距。

长大之后，到了中国台湾地区，我又接触到另一些不纯正的

福建传统。台湾人对我很好，但对于福建的吃，我的认识更深。

香港的朋友之中有许多印度尼西亚华侨，他们都来自福建。后来，他们辗转回国，聚集在香港。他们视我为同乡，因为我和他们讲福建话。他们给我吃了很多另类的福建菜。

香港经济起飞，在港的福建人也赚了钱，他们回家乡去取来最地道的菜和食物，我才知道什么是真正的福建菜。

一直想去福建，经数十年，至今方有缘。福建，会是怎样的一个印象呢？

医　肚

从香港直飞厦门，只要一个小时多一点时间。

不像其他城市，机场用不久就变得残旧，厦门机场给我的印象还是很新的，建筑和保养皆佳。

距离市中心太远的机场都是坏机场，像东京的成田机场，乘巴士要一个半小时，听了让人心中发毛。从厦门机场到市中心，只要二十分钟。

一路上看到的建筑有新有旧，统一的印象是干干净净。后来听朋友说才知道，厦门是全国最清洁的都市之一。

还没 check-in 酒店之前，先“医肚”。

已向儿时友人潘国驹询问，厦门哪一家餐厅最好。

潘国驹是厦门专家，问他不会错。他笑说，厦门也只有两三家出名的，一找就能找到。

餐厅大堂摆着许多玻璃水箱，陈列着各种游水海鲜。这是内地最流行的卖法，好像餐厅不卖海鲜就不高级。其实，大家都知道，只有游水海鲜才能卖出高价，利润更高。

当地水产远不如进口的海鲜多，什么大小龙虾、活鲍鱼、巨大的虾蛄和各类石斑，都是由澳大利亚、泰国、印度尼西亚和菲律宾等国进口。我找了老半天，只有沙虫最地道。

沙虫是一种海底动物，有大有小，由墨色到鲜红，小的有如蚯蚓，大的叫海肠，属直肠科。取其内脏洗净入烹，是极鲜甜的食物。

“土笋冻”就是由沙虫制成的。如果没接触过“土笋冻”，对福建饮食文化绝对不会了解。

传说，其做法是把沙虫抓来，用脚踏，让它把体内的东西都吐出来。正统的做法是取个大陶瓮，以一块大石磨沙虫，处理干净之后煮之，凉后冰冻了就是“土笋冻”了。

土　笋　冻

因为沙虫听起来恐怖，福建人就叫它“土笋”。“土笋冻”是由一位地地道道的福建人林辉煌教我吃的。

林辉煌系武师出身，也当过导演，他是傅声的好友。傅声在“邵氏”片厂有个宿舍，就在我家对面。后来傅声将宿舍让给了林辉煌住，我们变成天天见面的老友。

闲聊时，他告诉我“土笋冻”是多么美味，我很好奇。有一次，他回厦门老家，买了一个阔口的保暖壶，放进“土笋冻”，加上冰块，带回来让我尝。“土笋冻”好吃的地方在它果冻状的黏液。林辉煌一路上都担心会融化，好在到了香港还是保持原状，我感激不已。味道的确鲜美。但即使难吃，我也会爱上的。

吃东西就是那么奇怪，加上感情后就完全不同，食文化也由此产生。

到了餐厅，第一个入眼的就是“土笋冻”，即刻要一碟。厦门的天气和香港相同，十月末还很热，又叫一瓶青岛生啤酒送之。

青岛啤酒在当地生产，虽然名字一样，但味道浓郁不清。

鲍鱼、龙虾等在香港常食，到福建自然要吃当地的鱼。看见有道叫“牙片鱼头”的菜，即刻试，但平平无奇。

要了一条薄饼，也没有福建家庭做的好。

福建炒面在福建吃，总不会走样吧？天哪，还不如南洋人做得好。

蒸鲳鱼是福建名菜之一，和潮州做法不同。我要了一尾用酱油煮的，十分精彩。

所谓“酱油煮”是用豉油煮而已，颜色褐黑，还有福建菜脯增加味道，再加上葱段和大蒜，味道浓郁。

任何鱼用这种煮法烧出来都好吃，所以不必叫太贵的鱼种，否则浪费。当地产的小鱼，像我们点的慈鱼或沙尖，已经很不错，是不是游水已经不要紧，你到了福建绝对要试试。

定安市场

我们下榻的“海景千禧酒店”离鼓浪屿的码头很近，思明南路又在旅馆后头——那是我们常去散步的地方。

放下行李就向思明南路走过去。古厦门的街道，商店是建在里面的，外边有条避雨的走廊。这种建筑叫“五卡基”，是从马来语“kaki lima”翻译过来的。“lima”是五的意思，“kaki”则是脚，组合的意思是有五小步之宽。在信风影响下，雨季到来的时候，天天准时下雨。比如下午三点下雨的话，每天如是，准得不得了，但下一阵子就没了。

“五卡基”可发挥暂时避雨的作用。这类建筑应该是受南洋影响而来的。

思明南路上商店林立，转入定安路，就有很多吃东西的小店铺。刚吃完午饭，饱饱的，还是等到半夜或明天一早来吃吧。

定安路的“定安路市场”很干净，大堂中还挂了一块牌子，用电子数字打出当天的蔬菜和肉类统一价格，去哪家买都是一样的。

菜市一角还有一个所谓的“公道秤”，市民买了东西之后如果觉得斤两不足，也可以拿来上磅。

食物种类众多，可见当地生活水平颇高。店铺里商品不像上海和广州那样尽是名牌，人们不太注重这些。

走到街角，看见一家卖糕点的小店。虽然我对甜品并没有很大兴趣，但也走进去看看。

最有特色的是一种白色的糕点，像一般的白云糕，是用米粉和白糖做的。不同的是，在甜的米糕之中加了炸过的红葱头，吃起来又甜又咸，但香味十足，是我最能接受的甜品。买了几包，准备坐长途车时拿来解闷。

厦门馅饼是最传统的小吃之一，先把绿豆去壳，研得精细，饼皮和饼酥下大量猪油揉成，烘制得内熟外赤，皮香油润。

街边小贩卖的生煎小吊桶，体内充满膏，也是我爱吃的。

福　　州

从厦门出发，直奔福州，开快车的话只要三个小时。公路很直、很平坦，两旁有不少休息站。

为什么要到福州去呢？福州的名胜不多，没什么看头，当然是为了名菜佛跳墙。

国营老店的佛跳墙是一盅盅上桌的，显然是炖好之后再分开装进去的。汤不够浓，里面虽然有点好材料，但也尝不出味道来。怪不得听到邻桌的台湾游客抱怨："什么佛跳墙？做得还没有我们的好。"

当今的佛跳墙用鱼翅、干贝、鲍鱼等做成，地道的不必用这些贵东西，单用老鸡、鹿蹄筋、鱼肚、猪肚以及鸽子蛋等，放进一个大盅炖去。关键是火候要足够，汤一炖便是数日。

这时上桌，把盖打开，满堂香。汤挂碗壁，碰到黏手，这才是古人拍手称奇并大叫的"启盅荤香飘四邻，佛闻弃禅跳墙来"。

“分开来上桌就不行了。”我说。

当地陪同解释：“用坛子上的话，上面漂的那层油很厚，不是大家吃得惯的。”

“油就油，怕什么？”我抱怨。

福州鱼圆也是远近闻名的，一咬之下浆喷出来，不小心弄得一身都是，这鱼圆做得不错。另一道名菜是炒腰花，用糖醋熘，加海蜇头和油条炒出来。这家老店做得水汪汪的，碟底酱汁甚多。

不甘心，再找“有力人士”安排。

翌日再去，佛跳墙整坛上，味道的确不同。腰花的刀工也细，花纹极漂亮。我们吃得干干净净，碟底的汁一滴不留。

福建行（上）

一天，接到通知，说有一电视节目请我去做。我已很久不主持此类活动，有点懒，正想回绝。东南卫视的监制王圣志非常有说服力："你什么都不必做，只要当老太爷，坐在那里，命令你三个徒弟去找食材，然后每一人找一样东西给你吃，就那么简单。"

"还有呢？"我问。

王圣志一轮机关枪："节目名叫《味解之谜》，是由福建东南卫视、台湾东森电视、福建海峡卫视联合推出的大型户外美食真人秀。嘉宾们攀山涉水，寻访乡村美食。节目已播了两季，全国点击超过一亿五千万次，手机终端共触达三千五百万 IP 用户，得到各界好评。这一季的突出特色在于探寻各地极致的食材，完整复制传统料理方法，形成传世的食谱。"

哇，好伟大。

他接着说："节目不仅要带观众到美食的新领域，更要突出

食物与自然、劳作和人情，讲传承的关系。这种温和沉静的美食文化又需要与轻松娱乐结合，基于此，我第一个想到你。”

“我能做些什么？”我再追问。

“我们诚挚地邀请你成为《解谜学堂》的主考官，你将有三位明星学员完成美食任务，获得食材线索，最后接受你的考核。每期需要你参与的是：一、美食任务的发布，例如今天究竟要找寻的是当地的哪一种食材，提供有关背景或线索。二、食材的检验及料理的评判，徒弟得利用各自取获的食材做菜，成品归你点评。三、寻找味道的秘密，由你单独访问，通过与乡民聊天，寻找舌尖上的秘密。以上三个环节没有竞技，只是互相切磋。”

“在哪里拍？”

“福州的乡下。”

我这个都市人，一听到“乡下”就想起蚊子。在泰国拍外景时曾给蚊群追赶，一连八天八夜，已造成了“蚊子恐惧症”。

王圣志感到了我的犹豫，即刻下撒手锏：“要找的食材之中，有一种羊，住在山上，每天退潮的时间，就走下山到海边吃浸过海水的咸草。肉是非常特别的。”

他似乎是知道我是一个大“羊痴”，而且非常了解我的个性，只要有一种没有吃过的，即刻有兴趣，千山万水，也会去尝它一尝。就那么出发了。

从香港飞福州，两小时后抵达。电视台工作人员前来接机，再乘两小时车，抵达福州的罗源。

先到小镇去“医肚”。我大概有这种运气，每到一处摄影组中，总有一个“老饕”，由他带路，吃一顿特别的。第一餐在一家叫“一号私房菜”的餐厅吃。

福州人吃饭，先上小菜。小菜之中，少不了的是一碟猪血，卤得甚入味。用这猪血来下酒，不知比什么薯片、花生好多少倍。猪血在新加坡已被政府禁售，如果是新加坡人来到这里，看到后眼睛简直会放光。

另一种小菜是细小的蚝，用盐水灼一灼就上桌。这种细蚝只有手指首节那么大，当地有很多。想起福建好友林辉煌所说的，小时候根本没糖果，就和他姐姐到海边挖生蚝当零食。灼熟的小蚝鲜得不得了，当然又比薯片、花生好无数倍。

主菜是我这次旅行中吃了又吃却百吃不厌的炒土粉。把空心菜、胡萝卜丝、葱、小虾、肉片、生蚝和番薯粉做的粉丝一起炒，好吃到极点，而且每一家的炒法各异，没有一家会失手。各位有机会到闽北的话，一定要试一试。到闽北不吃炒土粉等于去四川不尝担担面，损失，损失。

接下来是煮猪手，皮上的毛拔得很干净，又很爽脆，骨头熬出来的汤当然特别甜。另有蛤蜊汤、炒海肠、炒竹笋、炖石鳞（石鳞是一种很肥大的食用蛙）、炒番薯叶等。

到了福建，不能少的是“土笋冻”，极鲜甜。罗源做的不像闽南那样一小块一小块的，个头很大，让喜欢吃“土笋冻”的人吃个过瘾。

吃饱，回房休息。我们入住的是罗源最好的“罗源湾世纪金源大饭店”。酒店里有一家餐厅，这几天下来都在里面吃。

到了晚上，制作方在酒店餐厅宴客。首先过来的是一位女子，她就是世界多项跳水比赛冠军吴敏霞了。迄今为止，她连续四届获奥运冠军，共五面奖牌，全是金牌，排名世界第一。她本人高高瘦瘦，完全看不出是一个打败过天下女子的人。最厉害的是，样子还那么美丽。

2001 年世界青年比赛中排名第一的史冬鹏，也是国家田径队的健将，专跑 110 米栏。他为人非常谦逊，斯斯文文，看相貌想不到他是个身经百战的运动员。

第三位是喜剧演员姜超，因在《武林外传》中饰演大厨李大嘴一角而大受欢迎。

大家对着一桌美食大吃大喝，不用比赛，当然也不必节食瘦身，有说有笑，气氛融洽得很。

我有预感，这次的节目一定会做得好。

福建行（中）

翌日，到罗源镇见大厨陈奇辉。陈奇辉五十岁左右，人笑嘻嘻的，整身肉结实，像一块大岩石。别小看他，他二十岁时已经开始学习煮羊，钻研了三十年，终成大师级人物，专门煮“下廪羊”。

“下廪羊”有什么特别呢？这就得先去看看。由陈师傅带路，经过一段漫长的沙路，我们在一个小山坡下车。不久，我们就看到一位乡民赶着一群羊，羊的个头不大，每只三十斤左右，皮褐色。

不用牧羊犬，羊群二三十只，慢慢地自动从山坡上走下来到海边。它们已知道要做些什么：吃退潮后的绿草。草被海水浸过，充满盐分。羊每天吃这些草，本身的肉已有咸味，是下廪这个地方特有的。

世界上的羊，好些地方的有此习性，典型的是法国诺曼底圣山的海草羊，还有意大利阿尔卑斯山羊，用它们的奶来做芝士，最为特别。我问陈师傅，会不会用羊奶做别的菜？他回答，在福

州罗源这里，只有炖汤这种做法。

买了羊肉，先到陈师傅的家里，由他做一碗闻名的汤给我喝。先得找到各种药材，少一样都不行。这个任务交了给吴敏霞。史冬鹏找肉，姜超找酒，我就先享受那碗汤的滋味。

一喝，果然惊为天物。我这个最喜欢吃羊肉的人，各种做法都吃过，就是未尝过下廩羊肉汤。虽然这汤是由多种药材熬出的，但一点药味也没有。要是药材味重了，就有生病吃药的感觉了。

只知满口鲜甜，完全是大量的羊肉精髓。药材之中，有种叫“牛奶根”的。之前听网友青桐庄主说过这种药材，很感兴趣。她的娘家就在罗源，这次也特地赶来陪我。

陈师傅说，除了“牛奶根”，还要用苦刺、杏腾、土黄芪、臭虫柴、罗汉果头、金橘头、秀豆根和当归来炖，分量都是从经验得来。

看陈师傅的制作过程：先将清水入锅，小火慢慢地把药材煮两个小时，浓缩为“过滤汤”，再下来就是把羊肉加入。下麖羊的肉鲜红，不像一般的肉那么暗黑。陈师傅顺着肉的纹路将羊肉切成小块，再依大小厚薄放入锅中，用热水氽五至十分钟，取出，反复两次洗净，接着用酒煨一遍。酒是刚酿好的，羊肉之中的异味便被完美地祛除了。

煮成的药材用网筛掉，放入羊肉熬煮。不上盖，因为要保持原来的味道。灶台的火候最为重要，从小火熬起，再逐步增加干柴，汤滚后拿开柴，转小火，整个过程一小时。熬煮时，不时加水，用勺子将漂浮在汤面上的泡沫和多余的油捞掉，这样煮出来的汤才清澈，最后再加点酒和盐，就可以上桌了。

喝过汤后我们再长途跋涉，来到一个小乡村中，取其优美背景，拍摄三个徒弟找回来的食材和药材。吴敏霞找到了一根巨大的“牛奶根”，陈师傅说熬汤用这么大的才够味。见娇小的吴小姐，手臂上都是被蚊子咬过起的包，就从我的“和尚袋”中取出专门的药膏。她拿去一搽，即刻止痒。

我这次是有备而来的，大包小包，各种防蚊水带齐，事前大量喷上，所以从头到尾没被咬过。但村里还有一种小黑虫，叮起人来也不好玩，好在驱蚊水也能让虫子回避。

第二天一早，吴敏霞的男朋友从大城市赶来，向她求婚，双方家长也陆续赶到。我们在村中大屋的院子里摆了宴席，大吃下麖羊和其他农家菜，又喝了很多酒，顺利完成拍摄。

晚上，我们折回罗源湾世纪金源大饭店，再吃一顿丰富的。餐厅里也做下廪羊肉汤，但和陈师傅做的根本没法比。之后又喝过几次，专家做的，不同就是不同。我真的是三生有幸，喝过这碗天下罕有的汤，羡慕死其他“羊痴”。

大家兴致高昂，吴敏霞也喝了不少酒，和她的女助手们拉着我打麻将。打的是最基本的，不能上牌，只能碰牌，谁最快吃胡谁赢。赢了有多少钱？我们不玩钱的，只是打掌心。各美女都给我打过。

第一个环节结束，翌日去拍第二个。

从酒店出发，大约一个小时的车程。距离虽然不远，但那是著名的十八弯山路，非常之崎岖，不习惯走山路的人会晕车呕吐的。好在我在不丹的山路上已经有了经验，那才是称得上惊险：从高山上望下去是深渊，而且都是石头路。不丹唯一平坦的地方，是机场的跑道。

好了，到达目的地，这是一个美丽又幽静的山城。当今旅游业发达，要不是那么艰难才可到达的乡村，早就被游客包围了。

山清水秀，有一条很清澈的河流，河流的尽头就是海了。海水涌入时，和河流的淡水交汇，就生出最肥大的野生鳗鱼来。

整条五尺长的大鳗鱼，背黑色，肚子发着黄金般的颜色。乡民们涉着溪水，用独特的渔具来抓鳗鱼。我们是来拍节目的，要是抓不到怎么办？通常会事先准备好，但乡民们很有把握，点头说：“一定有，一定有。明星到了，鳗鱼也要出来看看！”

福建行（下）

东湖村的名厨是位家庭主妇，叫林春燕，相貌娟好，像个读书人。她本身是养兔子的。我们来到她先生的村子，看到肥肥胖胖的兔子一只只放养，到处乱跑。她的两个小侄儿在帮着大人抓兔子。原来，抓兔子也是有窍门的，要预先知道兔子的习性，两人一前一后包围，才可以抓到。

走到春燕姐的家，看她做这道叫“半酒炖淡鳗”的名菜。先斩断鳗鱼颈部的脊骨神经，鱼的动作就缓慢了，否则不论怎么杀，鳗鱼都随时会“起死回生”。

用滚水淋之，去掉皮上的黏质，然后一段段地切：鱼背部的肉还是连着的，才能卷成一圈。然后炖之。我看过潮州的老师傅做过类似的菜，那可真的厉害，是将连着脊骨的肉仔细挑开，最后用力一拔，整条鳗鱼皮翻了过来。老师傅去世后，这门绝技也失传了。

春燕姐在锅中加了酒、生姜、党参、枸杞、盐和白糖，煮十五分钟，一碗香喷喷的清炖鳗鱼即能上桌。其速度之快是惊人的。

试了一口汤，当然是无比清甜。当今野生鳗鱼难求，何况是咸淡水交界的。日本的鳗鱼，已经有百分之九十五是养殖的了，要吃到一尾野生鳗鱼，难如登天。再加上春燕姐的许多佳肴，这顿家宴十分精彩。饱饱，抱着肚皮回酒店睡觉。

第四天，再看徒弟们找回来的食材，由春燕姐再办一桌菜让摄制组拍摄，《味解之谜》这个节目顺利地拍完，再下来就等着在电视上看了。

本来可以从福州返港的，但是我久未到过泉州，既然来到福建，就特地去跑一趟。

大家知道，福建分闽南和闽北，在罗源吃到的是闽北菜。福州话和闽南话相差很大，我一句都听不懂，闽南话我倒是拿手的。这回怎么也要去泉州，重访开元寺。

从罗源开车到泉州，需四个小时。我们在各个休息站吃吃停停，车程也不算辛苦。经过莆田时，买了一大包兴化米粉，打算带回香港吃。

到达泉州，入住万达文华酒店。未到之前，已和网友“木鱼问茶”联络上，她和她先生都是当地著名的戏剧家。

他们问我想吃什么？我当然回答：润饼，润饼，润饼。

润饼是福建薄饼的泉州叫法，台湾地区也叫润饼，是我百吃不厌的地道小食。

润饼，各家做法不同，基本材料有红萝卜、冬笋、高丽菜、荷兰豆、蒜子、韭菜、唐芹、芫荽梗、香菇、木耳、豆干、虾仁、蟹肉、煎蛋、鱼肉、瑶柱、花生糖末、春卷肉，当然还有不可缺少的浒苔。浒苔不好的话，润饼就做不成了。

把材料炒了又炒，一大堆，吃不完第二天翻炒更美味。包润饼的时候，先把薄饼皮铺在平碟上，拿数根蒜子，把一头拍扁，当成一根刷子，蘸了甜面酱，涂在饼皮上。这时，可另涂蒜蓉或辣椒酱，再撒上花生糖末，放炒好的食材在上面，就那么包起来。

你会发现，泉州的薄饼不是包死的，一头还开着，为什么？那就是方便把炒好材料中的汁浇进去，这样吃起来才不会太干，是最正宗的吃法。各位有兴趣，可买王陈茵茵著的《家传滋味》参照。

友人带我到当地的一家餐厅去，各种菜都做得好。其他的我不碰，润饼吃完一条又一条，最后还把剩下的数条带回酒店，半夜起来再吃。

翌日想去吃地道的早餐，问有什么特色的。司机说泉州人不注重早餐，专攻消夜，早餐只有番薯粥等。勉为其难，他带我去一家叫“东兴牛肉店”的，吃各种牛肉菜式，还是可以的。

吃完直奔开元寺。泉州是海上丝绸之路的出发点，唐宋时已和海外通商，宗教上所受的影响也是多元化的，所以弘一法师选中这个寺院来终老。

住持出门相迎，这是一位年轻英俊的法师，叫法一。他知道我对弘一法师最感兴趣，就带我到寺内的“弘一法师纪念馆”，而且打开不对外开放的收藏室让我参观。算是和弘一法师有缘，我见到了许多墨宝，还有一些印石以及法师用过的笔和刻刀。我发现他的刻刀和我惯用的一样。这是得康侯先师的教导，没有用错。

从寺中出来，再去晋江。未到之前，以为晋江很远，到了才知道，原来和泉州隔了一条河罢了。总算到了晋江一游，在那里吃了一顿白水煮猪手的午餐。在一个美食中心看到润饼，又买了几条。翌日一早要去机场，晚餐免了。半夜起来，又吞了数条润饼。批量生产的润饼一点也不好吃，但还是照样吞完。

翌日，由泉州机场飞回香港。此机场距离市中心只需十分钟车程，是全国最方便的，这在当今各大都市中已是罕见的了。

第七章

江浙

吃鲜

奎 元 馆

回到酒店，司机已在大堂等候。

“去‘奎元馆’吃面吧。”我说。

这家从清朝同治六年开到现在的馆子，绝对坏不到哪去。

横匾上由程十发题“江南面王”四个大字。门口挂着对联：“三碗二碗碗碗如意，万条千条条条顺心。”

“奎元馆”本来叫“魁元馆”，嫌那个魁字有鬼，所以才改掉的。传说是一个穷秀才来吃面，店主在清面中加了三只囫囵蛋给他。想不到，他后来连中三元，回来报答店主，题了店名。

最出名的当然是他们的虾爆鳝面了。把小黄鳝养个数天，清了肠胃后再原只爆之；虾也是要活生生的才能入面，考究得很。

金庸先生也喜欢来这儿吃面，我跟他来过一次，印象犹深，所以这次重临。下回带团友来，相信他们也不会失望的。

本以为店铺很小，怕坐不了那么多人。我们的杭州导游和这里的女经理是老同学，她带我们到楼上去。地方宽阔，没有问题。

但是，单单吃面恐怕还不够，再加十几道菜，这下总不会有怨言了吧。决定订下这里，让大家吃一顿午饭。

上一次来，吃得最香的反而是猪油拌面，汤另上的。其他人怕高胆固醇，我则不客气地连吞两碗。桌上一大堆菜，碰都没去碰。

江南人吃面，有所谓的“浇头”，就是把炒好的各种佳肴淋在面上。小菜中有汁，增加了汤的滋味。

这种吃面的方式影响了上海著名的面店“吴越人家”和“沧浪亭”，都是同一派的。那么，为什么不到老祖宗“奎元馆”来尝尝？

一面吃面，一面幻想来过的古人，如梅兰芳、周璇、盖叫天等，都坐在你旁边作陪，一乐也。

杭州张生记

“晚饭想到哪里吃？”导游问。

“就到‘张生记’吧。”我说。

以往在上海看丁雄泉先生的画展，每天和他吃饭，吃来吃去都是“张生记”。

“张生记”的总店在杭州，怎可不去试试？

店的面积也是大得惊人。“张生记”以又好吃价钱又合理见称，根据上几次试过的经验，觉得还是可靠的。

冷盘先来一碟他们叫“万年青”的野菜，其实是菜心的一种，但是比菜心细，味更浓，带苦，更是好吃。这种菜在香港暂时还吃不到，算是珍奇。

油爆虾常吃，就来一碟虾干换换胃口。虾干是把整只带壳的虾晒干了，用盐稍腌，带点咸味，但又不像虾米那么又咸又硬。把虾干蒸熟，待凉后上桌。

又叫了藕片和酱鲫鱼等小菜下酒。

“文蛤蒸蛋”和“蛤蜊炖蛋”异曲同工，用一个深碟子装水蛋，中间放几个大蛤蒸之。这道菜在香港已吃不到。

“臭味相投”是臭豆腐蒸臭苋菜茎。这里吃到的苋菜茎很粗，皮又硬又厚，是不能吃的。用口一吸，把茎内的浆汁吸出来，和臭豆腐一起吃，特别有味道。

老鸭汤是这里的名菜，差不多每一桌都点，用一只鸭子炖一大煲汤，加入咸肉。最特别的是，把包粽子的叶子也放进去一齐煲。

这儿做的南瓜饼和一般的饼印象不同，圆圆的，中间胀着空气，很薄。吃这种饼是吃不饱的，最适合那些喜欢“吃巧”的人。

还有许多菜就不一一介绍了，当晚的主角是“叫花蹄子”。用“叫花鸡”的泥包做法制作猪蹄，中间有荷叶香味，又是一道香港吃不到的菜。

杭州娃娃

来到杭州，众人大多会去拜灵隐寺、游西湖、爬龙井茶山或凭吊岳王墓，但是我们安排了另一个节目——去“胡庆余堂”。

在内地已经再也找不到另一间保存得那么完整的清代商店了。“胡庆余堂”至今尚在营业，不知是不是胡雪岩的子孙在掌管。

里面有“真不二价”的金漆招牌，给客人一种卖的药一定不会假的感觉。

药店的大部分已经改成草药博物馆，要买票才能进去参观，不过也没有什么看头。有医生坐诊开方，也代客人煎药。

外墙上的“胡庆余堂”几个字大得惊人，这种广告要多少年后才会在纽约出现？当今的香港、上海也没有那种魄力。

“红顶商人”的小说和电视连续剧已家喻户晓，这里也成为来杭州非游不可的一个胜地。若不是徐胜鹤兄提起，我竟不知道。

从“胡庆余堂”走出来，看见一妇人，手提竹箩，里面的东西看都没看过：一束束绑在一起的细枝，长茎，褐色，远看像一扎核桃仁。仔细观察，茎端有一颗颗胡椒粒般的种子。

“这是什么？”我即刻好奇。

“金勾勾。”妇人回答后折下一段给我。

我就想那么放进口。妇人阻止，摘掉那些胡椒般的种子，原来它们是不可以吃的。

“试试看。”她说，“杭州娃娃才吃的。”

“金勾勾”和她的手，都没洗过。可是我不能犹豫，一犹豫就伤她自尊心了。我吃了下去。

真甜，又带一股清香。

导游看到了，问我像不像吃葡萄。我觉得比葡萄甜得多。

听导游说，这是他们小时候常在山上采的，当今山上的环境被破坏，这种树几乎看不到了。儿童们认识了瑞士糖，也就再没人去碰它。

我运气好，当了回杭州娃娃。

吴门人家

应苏州大学邀请，去给学生讲一次课，并被聘为兼职教授。当然，这次要趁机大吃苏州菜了。

那边人也说，很少见我写关于苏州菜的文章，到底是为什么。理由很简单：不了解。我去苏州的次数不多，在香港和其他地方又很少见到苏州餐厅，所以就没机会认识了。

印象中，苏州菜有如雷贯耳的松鼠鳜鱼、鲃肺汤和奥灶面。松鼠鳜鱼被油炸得又枯又老，酱汁特浓，只剩下糖和醋的味道。鲃肺汤用的是养殖的河豚，无毒也无味，虽与河豚属同科，但与野生河豚一比，一天一地。

只有平民化的奥灶面最好吃。也许因为我是一个“面痴”之故，一切面食都觉得美味。

这回有幸来到苏州最好的餐厅之一“吴门人家”。第一天预订了吃午餐，休息之后，晚餐也在这里解决。翌日在大学演讲之后，

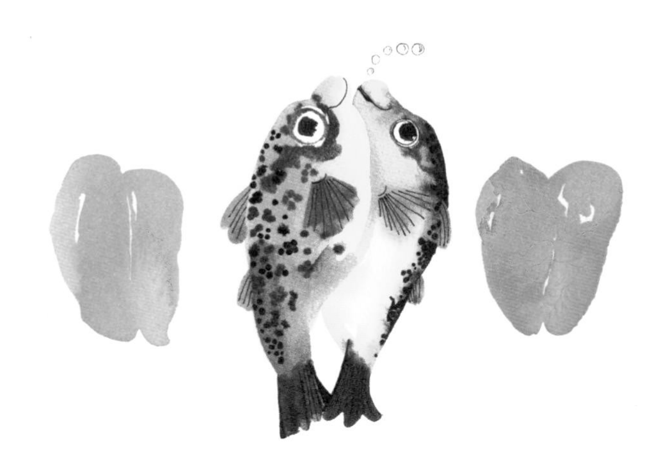

午饭在食堂解决。试过两餐，印象大好，只是没有机会尝试苏州的早餐。我就跟“吴门人家”老板娘沙佩智说：“午餐来你这里，但是请你做早餐给我吃。”

沙女士点头，就那么决定了。

第一餐有美味鱼脯、干贝豆仁、陈皮牛肉、火腿松仁、水晶鹅片、蜜汁糖藕、糖醋山药、蘑菇油、马兰头香干和拌双笋，共十个冷菜。

印象最深的是火腿松仁。这道菜把火腿最精美的部分撕成细丝，再切为细方块；松子仁舂碎，加糖和芝麻，和火腿块一同爆炒，上桌时堆砌成一个“福”字。

试了一口，咸得恰好，不太甜，满嘴香味。火腿加松仁加芝麻，怎能不香？各位听我这么一说，也已能够体会到这道菜的美味。我向沙女士要求，晚餐也要重上此味。另有制作过程极为复杂的蘑菇油。看起来平平无奇，蘑菇用菜油煎了一次，取出，再煎，来来回回一共五次，油才会有蘑菇味。

热菜有官府虾仁、鱼油鳗片、樱桃肉、南巡莲子鸭、吴门蟹粉、藏剑鱼、雪莲子炖金耳、虾仁香菇春笋、荷塘水仙和雀圆炖菜汤，也是十道。

扮相最美且味道又好的是南巡莲子鸭。和莲有关，就那么简简单单把一个红洋葱破开成八瓣，只取最外层，一朵荷花的造型就出来了。中间看到一粒粒的莲子，堆成圆球形。哪里有鸭呢？原来，鸭肉被切成极薄极薄的一片片，用来包裹着莲子。

松鼠鳜鱼在这里叫藏剑鱼，用一把小型的真剑做装饰，鱼炸得外干内软，而且是刚刚熟的，像广东人的蒸鱼，真是见功夫。淋上去的酱汁，其酸味来自杏。苏州盛产黄色的杏，水果摊到处可见，用它来做酱，就好像咕噜肉用山楂一个道理，哪来的什么西红柿汁呢？

点心和甜品，有苏式阳春面和玫瑰酒酿件。

吃完饭，去餐厅前面的狮子林逛逛，也去参观了贝聿铭的老家巨宅。也许是因为遗传基因好，再加上从小接受最佳的庭院园林熏陶，才培养出贝聿铭那么优秀的建筑师来。

晚餐就更丰富了，菜单写在一个小灯笼上面。

冷菜十二道：油爆虾、鱼松、姜松、干贝松、辣白菜卷、兰花茭白、蒸笋鸭丝、金圣叹花生米、苏式卤鸭、蜜汁南瓜、金针药芹和素火腿。

都精彩，单单举一道姜松吧。所谓松，就是把姜切成极细的丝，再用油炸出来。用最普通、最便宜的姜，如此做出来之后，竟然能吃出甜味。问有没有下糖，沙老板摇头。这完全靠刀工，而这种刀工不像把豆腐切成发丝那么夸张，也不会有沾了厨师的手味的感觉，是非常好吃的。

热菜十一道：虾仁饼、御赐鹿筋、芙蓉塘片、燕窝鸭丝、杏熏四美羹、八宝梅花参、一品腌笃鲜、凤尾蟹、奶油白菜、植物四宝和碧绿鸽蛋茶。

那道八宝梅花参，是我吃过的把海参做得最入味的佳肴，用筷子一夹就行，不必动用刀叉，比其他名厨做得更好。各位若不相信就去试，就会知道我没说错。

印象最深刻的反而是最平凡的家常菜腌笃鲜，这里已分开一人一盅炖出来，盅底有鲜笋，上面一方块，有片火腿、肥肉、瘦肉，先夹火腿，再夹肉，最后用稻草包扎起来。仔细一看，不是稻草，是腌笋尖撕下来的丝。我后来把照片在微博上一发，引众网友惊叹其功夫之精细。只有韩大夫看得出来，其汤不浊，是清的，入口鲜甜无比。

点心三道：小馄饨、炸团子和萝卜丝饼。

翌日的早餐，冷菜有干鱼松、苏式爆鱼、小虾炒酱、苏州咸菜、红枣莲心、香卷豆腐、炖白菜和笋干黄豆。点心有豆腐花、吴门烧饼、杏仁酥、松糕、烧卖、粢饭糕、蟹壳黄、粢毛团、粽子、春卷、桂花鸡头米、青菜扁尖瘪子团、两面黄、青团子、臭豆腐、赤豆糊团子、苏式船点、八宝饭和乌米饭。

说到此，大家会问什么是鸡头米。我最初也被这名称搞糊涂，原来就是新鲜的芡实。植物长在清水中，生出一个有冠有喙的果，像鸡头。打开，内有圆形的果实，再把硬皮剥脱，就是芡实。苏州人从小吃到大，非常喜欢吃。我们都觉得平平无奇，反而是样子像芡实的糊团子令人颇感惊奇：用糯米搓成一粒粒小丸子，用红豆来煮。

整体印象，苏州菜像苏州女人，可以用“细腻”二字来形容。

洪泽湖大闸蟹

“有人为您推荐宿迁的美食。”助手杨翱说。

“宿迁？在哪里？”我听都没听过。

“属江苏省，据说是省内经济最不发达的地方。”

有兴趣了。

刚好有公事去北京。宿迁的泗洪县委副书记朱长途和当地的电视台台长金同闯以及工作人员一行七八人，跑来北京见我，带着两大箩大闸蟹。当晚就请餐厅蒸了吃，果然不错。

当下就约好时间去考察，地点是泗洪洪泽湖的湿地。从香港飞南京，抵达后再乘汽车，三小时车程。抵达高速公路的路口，看见几个大广告牌，有我拿着螃蟹的照片，是那天见面时拍的。

当地政府投入大量资源开发洪泽湖的旅游业，在湖畔建了多间度假屋。适逢中秋，我被安排下榻在那里。

真是孤陋寡闻，原来洪泽湖是中国第四大淡水湖。靠近宿迁泗洪的这边，湖水很浅，而且由淮河流入，汇入大海，是活水，最适合养殖大闸蟹了。

正因为湖浅，湖底有茂密的猪鬃草，栖息在这里的大闸蟹在水草上爬行，与水草不断地摩擦，因此肚子都是洁白的，背壳也干净，青墨绿色，故称之为“青背”。腿毛金黄，长达三四厘米，爪更是长而有力。但这些特点，阳澄湖大闸蟹也都具备呀。

当今，阳澄湖大闸蟹的年产量是三百多吨，哪够全国的需求？而洪泽湖的年产量三千多吨，比阳澄湖的多出十倍。据说，阳澄湖大闸蟹有相当一部分是由这里拿过去，在阳澄湖里“洗澡”一下的。这种说法是不是真的暂不去研究，我两种都试过了，觉得分别不是很大。

最明显的是，泗洪人吃蟹没有苏州人那么讲究。我问，那么多的螃蟹，有没有人做“秃黄油”呢？他们听都没有听过。大闸蟹的副产品，包括蟹粉和酱蟹，是多么丰富的一种资源，为何不去发展呢？

在中秋时分吃到的洪泽湖大闸蟹，膏没那么饱满，因为这里的温度比阳澄湖的低。其实，因为气候转变，中秋时吃到的阳澄湖蟹，也没那么多膏。中秋已不是一个好时节，都要往后推。

听当地人说，洪泽湖大闸蟹可以吃到农历年。愈迟愈好，这倒是一个商机呀！开头不必和别地方的蟹竞争，就来“打尾”好了。

一直卖，卖到过年，占多么大的优势！

湿地公园的特点也胜在没有完全开发，有许多候鸟集中在这里。当今，国际观鸟协会每年在世界各地举办各种比赛，洪泽湖的硬件已有，开了多家高级酒店和度假屋，如果加以宣传，必定能吸引世界上的观鸟人士到来。

我们乘船绕湖一圈，看到一望无际的芦苇，在荻花盛开的时候一定壮观。还有那无穷无尽的荷花，在野生状态下观赏，和小池塘中看到的完全不同。一面赏荷一面摘莲蓬。莲蓬大得不得了，慢慢剥开来吃，带点苦涩，但非常之香。菱角更是便宜，大大小小的，各种没见过的，都可在这里享用。

洪泽湖的菜，不像江苏菜，也不像安徽菜，是水上人家独有的吧。莲茎是每一餐必上的，这种充满气孔的茎部，和莲花一样出淤泥而不染。日本人多数用它来蘸酱油生吃，爽爽脆脆，切成薄片，一片片上桌。这里的莲茎用来焖，加湖鲜的，加豆酱的，花样甚多。

有了湖就有鳗鱼和泥鳅。鳗鱼是很小的那种，像黄鳝和血鳝，红烧来吃，没有上海菜的炒鳝糊那么考究。泥鳅是一尾尾整条地焖了，因为肥大，也没那么多刺，每口都是肉，好吃得不得了。如果当地人做得精细点，把泥鳅饿个两三天，再倒入蛋浆中，喂饱了再烹制，更是好玩又美味。

当然也有甲鱼。我在洪泽湖吃到最精彩的一道菜就是甲鱼焖饭。大片的甲鱼肉和裙边红烧透了，铺在白米饭上再蒸，好吃得不得了。洪泽湖的大米很有特色，一粒粒“肥胖”得很，又不像糯米那么黐黏，香味十足。这里的大米不逊五常的，又是能销售到外地的生意。

吃完饭再到养殖场去参观。湖边有无数的小屋子，别的地方多是用简陋的建筑材料搭成，这里的小屋子全是钢筋水泥结构，一家人可以住得舒舒服服。旁边就是浅水湖，围了起来养螃蟹。从蟹苗到饲料都可以从当地购买，能养多少完全靠场主的劳力，蟹一肥大就能出售，政府全部收购。若嫌价钱便宜，则可直接卖到客人手里，时代到底是不同了。我问蟹农，最大的蟹可以养到多大，被告之肥的有一斤多，即是五六百克了。

回程，在南京住了一晚，这是因为洪亮的推荐。他说，在香格里拉酒店有一位扬州菜师傅，名叫侯新庆，做的菜精彩。

当晚的“狮子头”、红烧肉和蟹粉年糕给我留下了深刻印象。“狮子头”的确能做到肥而不腻。当今客人都忘记“狮子头”应该吃肥的，其实“狮子头”的肥也因时节而变，所配的食材也不同。有些人说肥瘦比例五五，有的说三七，健康人士更说非全瘦不可。我来吃的话，最好八二，当然肥的是八了，哈哈。

第八章

南北寻味

合肥之旅

接到安徽省合肥电视台的电话，要我去做一个新春节目——当然是讲吃的，问我有没有意愿参加。

听说节目的嘉宾有老友沈宏非和从前在北京电视台一起做过节目的陈晓卿，加上安徽又从来没去过，能组一个旅行团也说不定，便欣然答应。

安徽在哪里？有些什么？小时候读的地理，完全忘记了。赶紧跑到书店去查资料，哪知道跑了几家大书店，并未找到。关于日本旅游的书籍，连小镇都介绍得齐全。那么大的一个中国安徽省，却连一本介绍的杂志也没有。

有点印象了，安徽省有著名的黄山呀！好歹有一本讲黄山、徽州的，但在地图上怎么也找不到合肥。原来，黄山市离合肥还有一段距离，要乘坐飞机才能到。中国真大！

让我们重温一下地理知识。安徽省简称皖，处中国东南部，东连江苏、浙江，北靠山东，西接河南、湖北，南临江西。从香港去，每周有一班“南方航空”的班机直飞合肥。这次我只去三天，回来只有在别处登机。距离合肥最近且交通最方便的城市是南京，到了那里，有“港龙”直飞香港。

黄山是没时间去了。我乘早上十点多的班机，两小时后抵达合肥。

合肥刚下了一场雪，整个都市像盖上了一层白色的棉被。先到旅馆，入住当地最好的“希尔顿酒店”。酒店刚建好，位置也不错。

放下行李就往电视台走。讲吃是我的强项，很快录完两辑，还有两辑留在第二天录，然后就被请去吃饭了。

徽州府尚书楼餐厅的装饰灵感来自五栋老宅院。每个院门和房间几乎都是按照古建筑复原的，内有从善堂、官厅、梅林亭、桥厅、蒙童馆、文昌逍遥斋、小姐楼、徽州厨房及众多小巧园亭。内门十六道，外门三十六道，像个迷宫。

徽菜当为六大菜系之一，从前在外省吃过，但没有留下很深刻的印象，这次可以仔细尝试。我问:“什么最典型，大家都爱吃？”

回答：“臭桂鱼。”

其实，应该叫“臭鳜鱼”才对。安徽在内陆，没海鲜吃，但这道菜硬要叫“腌鲜鱼”。所谓“腌鲜”，在徽州土话就是臭的意思。怎么一个臭法？将它发酵呀！食材凡是用盐腌、风干或发酵，就表示古时候那个地方较贫瘠，只有用上述的方法来保存食材，后来变成独特的家乡味了。

臭鱼这种吃法历史相当悠久，一早便传到日本去了。日本京都琵琶湖周围都会将鱼发酵，称之为“鲋”。讨厌者掩鼻而逃，好此物者则要求越臭越好。当晚，就有座上客吃了红烧臭鳜鱼后嫌不臭，我已很满足。餐厅要我题字，我就写上了“臭鳜鱼够臭”几个字给他们。

另有一道名菜叫胡适一品锅，相信这一道菜并不是很古老。胡适是安徽人，任北大校长时，曾用它来招待女婿梁实秋，得到“一品锅，三五七层花色多，品其味，离桌不离锅”的赞许。徽菜的一品锅怎么做？像香港的盆菜，什么都可以放进去，不过汤汁很多而已。这一道菜所有的人都吃得惯。

铁板毛豆腐又是一种新菜，用铁板嘛，能旧到哪里去？其实这菜一早就有，不必用铁垫底也行。所谓的“毛豆腐”，上面那层毛是豆腐发酵后长出的一层寸把长的白色菌丝。毛豆腐是臭豆腐中的极品，真是一个臭王！我试了一口，味道和韩国的腌魔鬼鱼一样，刺激攻鼻。我还是可以接受的。

味觉这一回事很奇怪，你是什么地方的人，就爱吃什么地方的菜。一离开了母乳，最先吃到的食物会影响你一生。对故乡的思念和爱戴是可以理解的，但是人类比食物更奇怪，他们能爱也能恨，恨别地方的人不同他们一样爱，略有批评即刻翻脸。

我到世界各国旅行，吃不惯的东西总有，但这是因为自己是过客才会发生。如果在一个地方长时间住了下来，我就能领略当地人为什么会爱上那种异味，异味也成为美味了。所以得到一个定论：食物是用来吃的，不是用来讨厌的。如王尔德所说，女人生来是让男人爱的，不是让男人骂的。

当晚的菜还有葛粉圆子、锅仔五域干、香椒驴肉、醋泡生仁和祁门大雁。大雁就是排成“人”字形各地迁徙的鸟类吧？那么美丽的鸟，怎么忍心去吃它呢？我没举筷。

最后上的是狼肉。什么都试过，就没吃过狼。狼群一来，连人也会吃，现在吃它不算罪过，又给人家骂“狼心狗肺”骂得多了，吃就吃吧！发现肉很老，没什么吃头。我可以向大家宣布的是，所有野味，都比不上猪肉的香，不要再去吃它们了。

第二天又录完两辑，胡乱吃了一顿。第三天离开，大雪封路，到不了南京，从合肥直飞到深圳，乘车返港。

带的行李中多了一刀宣纸。我只有几个小时得空，也赶到合肥市内买此物件。我这种半个商人半个文人的，至少也得要些与文房四宝有关的东西。徽墨、歙砚都是安徽产品，但我爱写的字很大，不能磨墨，只用墨汁，徽墨就算了吧。歙砚当今卖到天价，不是什么精品，也算了吧。剩下的宣纸，是在安徽省宣城做的，不买怎行？要了丈二单宣，可写几个大字，曰：醉他三十六万场！

安徽还是要去的。听说宣城有一种花草宣，是用花朵来制纸，非亲自看看不可。又，我所吃过的徽菜只是一小部分，还有很多没发掘。

安徽，请等我一下，我将重临。

谭牛鸡饭店

“到底海南岛有没有正宗的海南饭店呢？”这个问题终于可以有答案了。

下飞机后的第一餐，我们被友人带到海口市国际海员俱乐部内的“谭牛鸡饭店”，说这里做的海南菜是最正宗的。

如果你点海南鸡饭，那就是“南洋客”了。在海南，鸡和饭是分开叫的，而且鸡不叫海南鸡，只能以“文昌鸡”称之。

难道只有文昌这地方的鸡供应给整个海南岛吗？又不见得。不过，白切鸡肉的话，说成“文昌鸡”是错不了的。

第一道上桌的就是了。一看，太熟了；一尝，肉很硬。

至于酱料，地道的海南菜馆一定是在桌上放四个漱口杯状的盛器，其中有蒜蓉、砂姜粒、皇帝椒酱和杂锦酱，旁边还有一大瓶酱油和一大瓶醋。

未吃菜之前，客人先把喜欢的酱料调好，像是吃涮羊肉，不过选择没涮羊肉那么多。

“鸡太熟了，太老了。”当地友人说，“再换一只，再换一只。”

“下次到别的地方试吧！”已经点了很多菜，我怕吃不完。

“硬的话，海南人倒是不怕的。”他解释，“海南人的牙齿好。”

饭也上桌了，一粒粒分开，全无黏性，鸡油也下得不足，和新加坡吃到的不一样。

第二只鸡上桌，上次的太熟，这回“生”给你看，又做得血淋淋的。

如果有传统的又黑又浓又香的酱油搭够，至少咽得下喉，但当地人说已经好久没见过那种酱油了。从前桶装卖的时候还吃过，改为瓶装就消失了。

一共十五道菜，都是大路货。吃完，友人问：“好不好吃？”

我的答案直接又坦白：“不好吃。”

“厨房有没有老师傅？”我问。

友人点头，就去和老师傅商量，说出我幼时对海南岛的感受。这一下子，有了沟通。

“我马上到菜市场去，你们晚上再来。”师傅和我们有个约定。

晚上第一道菜，将鸡肉和海蛇放在老椰子中，炖出清汤来，很清甜，不错，菜名叫龙凤椰子盅。

牛腩煲用的是崩沙腩，加胡萝卜和西红柿一齐煮，吃出中学食堂里尝到的海南味。

大肠煲中加了大量的雪菜和花生，汁香浓。为什么那么甜？原来加了蚬肉。

酸菜裙边，原料是海龟的裙边，比花胶更有质感；酸菜十分开胃。

琼山豆腐非常简单，没什么配料，蒸出三分之一碟的豆腐来，白白滑滑，吃了才知道根本没有豆腐，全是蛋白。把鸡蛋蒸得恰到好处又不发泡，也不是容易的事。

糯米八宝鸭是把整只鸭的骨头拆出来，灌以虾米、莲子、冬菇、腊肠和叉烧。

蔬菜则有炒水芹。水芹个性很强，吃不惯的人会感到有一阵怪味，嗜者则会吃上瘾。水芹有清凉祛湿的功效。

用虾酱炒番薯叶，也很惹味。

最精彩的一道菜是小西瓜海鲜煲。小西瓜只有柚子般大，腌渍后又酸又咸，切片来煮螃蟹、大蚬和豆腐，这是最古老的海南菜之一。单单此味，已可连吞三大碗米饭。

甜品是南瓜饼和八宝饭，后者一见平平无奇，只是一堆白米饭，吃了之后才知道里面藏着渍了冰糖的猪油片。胃再饱，也填得进去。

“怎么和第一次吃时相差那么远？”友人问。

大师傅回答得直接又坦白：“你要求，就好吃；不要求，就不好吃。”

兴隆与三亚

从海口到兴隆需三个半小时，但多看一点风景也好。

出发之前先“医肚”。海南的早餐，最典型的是布罗粉。布罗是一个地方的名字。

粉条比面粗，较河粉细，像濑粉。氽熟之后捞在碗中，干食，汤另上。材料有猪杂碎、豆芽和黑面酱，搅拌后入口，有点像炸酱面，但味道是独特的。这种吃法也传到了南洋，不过当今已罕见。

不喜欢吃干的话可叫汤面或生滚粥。我们去的这一家，下午和晚上卖“鸡饭”，一大早开门卖布罗粉，地方干净，叫“沿江鸡饭店”。

海南最方便的莫过于所有的高速公路都不收费，没有收费站，畅通无阻。不像有些城市，收费站林立。据说有人调查过，从广州到上海不知要经过多少收费站，货车收费加起来需两千多元人民币。

入住的酒店叫“康乐园”，位于兴隆温泉地区，是一家五星级的度假村。和在日本泡的温泉不同，这里配套的是喷射按摩池。

兴隆地区有很多华侨，他们把南洋食物也带了回来，所以在酒店餐厅吃的晚餐有巴东牛肉、咖喱鸡等，但做得并不像样。反而是地道的海南菜，如海螺树叶汤、酸煮鱼和地瓜粥等，做得更好吃。

从兴隆到三亚有一条很好的公路，一小时内抵达。三亚可真大，由一处到另一处的车程都需二十分钟以上。

这个城镇被誉为“东方夏威夷”。一看到海，果然不出我所预料，已被污染了。

海水已不像毛里求斯或塔西提岛那般清澈见底，有一点点混浊。

我们下榻的是假日酒店，刚刚建好，说是当地最好的一家。一走进大堂，海景全面开放，真有气派，房间也舒畅。虽是同一个管理公司，但三亚的假日酒店其实已有洲际酒店的级数，别被名字误导，认为是一般的“假日”。

酒店前面就是自己拥有的沙滩。我穿上浴袍就走到海边仔细看海。沙是洁白的，海水比远看时清，是可以接受的。其实，也可说已经比大多数国家的海滩好得多了。

我小时候去过东南亚诸国的海滩，都留下了美好的印象。短短四十年，人类已经把地球的大部分海水弄脏。三亚是一个刚受伤的孩子，环保方面好好下功夫还是来得及挽救的。

先在海边一家餐厅吃海鲜，大鱼大肉，非常地道，连蒸的大块豆腐也原汁原味，还有许多在香港未见过的海螺。最奇特的是一种外壳像蛳蛤的，称“鸡翼贝”。它的肉蒸熟了像一只只翘起来的鸡翼，非常美味。

晚餐在三亚珠江花园酒店中餐厅进食，这一餐是我这几天吃下来最好吃的，令我对海南菜刮目相看。菜品一道接一道，没有令人失望的。就算是最简单的蒸咸鱼，也是用只腌一晚、半咸淡的活鱼来做，精彩绝伦。

海南的确有它独特的饮食文化。

“不到海南岛，不知身体好不好。”我还要加一句，“不到海南岛，不知你的胃好不好”。

重访郑州（上）

从上海到郑州，我把飞机行程算了又算，结果还是选择乘四小时的动车。本来还可以在南浔古镇多住一晚，翌日就可以避免上海的堵车，但是拍完广告后，还是连夜赶回上海这文明都市，下榻我住惯的“花园饭店”。

抵达时已是晚上九点，到酒店里的“山里”，随便叫了一个鳗鱼饭，吃饱了可以赶快睡觉。“山里”虽说是城中最好的日本料理店之一，但所做的鳗鱼饭，一看汤就知不正宗：上桌的是面豉汤，不是鳗鱼饭应该配的鳗鱼肝肠清汤。但此时已疲倦，不去讲究了。

安安稳稳地睡了一夜，隔日一早乘车到火车站。走了好长的一段路才登上月台，下车时路更远，这是坐动车须遭的老罪。

便利店里吃的东西应有尽有，买了肉包子、粽子和一大堆零食，把上回乘高铁时吃便当的阴影忘记了。口袋中还有许多包旅行装的“老恒和太油”，算是买足了保险。

这四个小时的行程过得不快也不慢，中间还停在没有去过的

无锡。这是我绘画老师丁雄泉先生的故乡。我一直嚷着要去无锡走走，下次决心一游。也路过南京。南京已到过，秦淮河河畔的仿古建筑都像为了拍电影搭建出来的，东西也不算好吃。如果没有特别的事，南京是不会再去的。

口寡，剥开一包云片糕。在车站买的云片糕有各种味道，什么绿茶、巧克力之类，吃了一包原味的，把牙齿黐得口也张不开。送给同事们，他们也不要。

睡睡醒醒。很早之前买了“金庸听书”，这个应用软件很容易找到，我是整套买的，播播停停。虽然不像外国有声书那么流畅，但金庸作品总是很吸引人，想尽办法也得听下去，是旅行的好伴侣。

终于抵达郑州。事前让我选择入住的酒店，我选定了“文华”。到了一看，此文华非彼文华，是“万达文华”（Wanda Vista），英文名中没有Mandarin一词，避免了法律纠纷。

“万达文华”是在一座大厦里面的，学足西方，大堂设在四十八楼，再往下走。房间很新，装修方面有说不出的土气，马桶没有喷水的。发现房间里热得要命，墙上的空调器怎么按也低不下二十七摄氏度。热得难耐，请工作人员来调，被告之冷凝器没冷却下来，把窗户打开小缝就可以人工降温。既来之则安之，不再投诉。

放下行李，已到晚饭时间，便往外跑。从北京来的好友洪亮兄已抵达，还有一位叫“战战”的美女食家陪同。

洪亮是我最信得过的朋友，他是著名相机哈苏的客务经理，要到各地去为产品做讲座。工作之余，他就勤力地去吃、写文章、拍照片。他的口味高级，评论公平，根据他介绍过的去找，没有一次失望过。他来郑州的次数很多，有了他的陪同，这次的郑州之行不会错过当地的美食。

在郑州的第一餐吃什么？

当然是最有代表性的烩面了。

郑州的烩面，分原汤和咖喱味。咖喱味？一听就知道是近年传下的，古时候谁会吃咖喱？当然选原味的。

洪亮选了两家出名的，其中一家只卖咖喱的，另一家两种都有。我两种都想试，就选了“醉仙烩面馆”，地点在“四厂”。“四厂”指的是郑州第四棉纺厂。但这家人说最早的烩面，也是咖喱味的。反正两种都有，试试就知哪种好吃。

最先上桌的是凉菜。凉拌豆角和炝拌土豆丝，都没有什么吃头。接着上是烩丸子，烩也可说成炸，这一碟十颗左右的大肉丸子，因为面粉下得多，本身没什么肉味，喝了一口汤，也淡如水。

接着是炖小酥肉，一大碟包着面粉的肉条，炸了再煮，不酥，也没有肉味。我不能一直嫌弃，郑州人吃惯的东西，郑州人一定喜欢，我们外来的就不怎么欣赏。

再下来的羊脊骨就好吃了。脊骨中间都露出一条条很长的骨髓，我专挑来吃。骨旁的肉不多，但慢慢撕，慢慢嚼，很美味。也许，凡是与羊有关的，我都觉美味吧！

好了，主要的烩面终于上桌。一看，面条是阔的，但不像西安的𰻞𰻞面那么阔大，面上有点猪肉，再上面的是大把的芫荽，汤上还浮着大量的芝麻。共有两碗，一碗是原味的，一碗是咖喱的。

先喝汤，极鲜美，一如所料，还是原味的好喝，很浓。面虽宽，但不硬，煮得软熟，吃呀吃呀，结果两碗面都吃得精光。郑州烩面是值得一尝的，洪亮没介绍错。

回到酒店。酒店工作人员说洗手间热水管爆了，我放在里面的内衣裤也被弄脏，安排我换了一间大套房。这回可好，房间内有喷水坐厕，糊里糊涂睡了一晚。

翌日起床，到郑州四处闲逛。全市大兴土木，和我十八年前来的时候完全两样。郑州位于全国中央，是从前所谓的中原，各地交通和货物都要来此转运，经济非常发达。原来，我们住的地方是新区，旧区倒没有什么变化。

重访郑州（下）

一大清早就由洪亮带路，去吃郑州另一代表性的食物：胡辣汤。

最出名的一家叫“方中山”，已发展为连锁店，所做的汤料也卖到海外，在大洋洲的中国超市可以找到。

胡辣汤是什么东西？和名一样，糊糊涂涂，浓稠的汤汁流挂在碗边，也不擦去，这也许是特色之一吧！先喝一口，没想象中的辣，其实是一碗大杂烩，里面有牛肉、花生仁、黄花菜、木耳、面筋等，熬到一定程度，调芡粉注入。最关键的调味料是胡椒和醋，做成的汤呈暗红色。还有，忘记讲的是下粉皮或粉条。郑州人的食物，似乎什么都加粉皮或粉条。

除了汤，还有牛肉盒子。那是一块填满了牛肉碎的饼，另有葱油饼、肉包子和素包子。著名的豆腐花，吃咸的还是吃甜的？北方吃咸，南方吃甜，郑州在中间，咸甜都有，加上胡辣汤吃也行，单吃亦可。

老板方中山亲自相迎。他人很和善，大家一起拍了不少照片。

中午，洪亮带我去“宋老三苏肉老店”。这家卖的“原油肉”是一道名菜，用的是肥瘦相间的羊肋条肉，下锅煮至筷子能捅进去的软熟度，带脂肪的朝天，切成长条，然后用老抽、香料、麻油拌匀。瘦的一面置于碗底，加葱段、八角，放回笼去蒸焖，最后加汤。因为不加其他油，只以原油蒸制而成，故称“原油肉”。

喝了一口汤，浓郁之至，羊味刚好。当然味会膻，怕膻的人别尝，否则浪费了上好的羊肉。汤有肥的或不肥的，我当然选前者。吃羊不吃肥，甭吃。

晚上，到“巴奴”吃火锅。我的读者都知道我对火锅的兴趣不大，为什么去？我最爱吃的是毛肚，而他们的主要食材就是毛肚。很久之前吃过一道毛肚开膛的菜，印象深刻。到了店里一看，一盘盘的，都是洗得干干净净的毛肚，一片片，手掌般大。洗是洗得干净了，但还是黑色。毛肚如果被漂白成白色，那就连味道也没有了，不吃也罢。

黑色的毛肚可在特制的辣汤中烫，也能在牛肝熬的清汤里涮。吃进口，爽脆非凡，一点也不硬，的确没有来错地方。毛肚开膛的另一个主要食材就是猪脑。老板杜中兵把一大碟至少有十副以上的猪脑放入辣汤中。众人看着猪脑滚了，正想举筷，杜中兵说等等。等等，等了又等。可以吃了吧？杜中兵还是摇头。猪脑在加了茂汶花椒的辣汤中滚了又滚，同桌的所谓“食货”口水流了又流。

老板杜中兵说："不要着急，红汤煨脑花，煮上二十分钟，罅隙吸入浓汤，让猪脑慢慢缩紧在一起，把辣味锁住才好。"

终于，可以开吃了。大家吃过猪脑之后，都望着我，让我发表意见。我轻描淡写地说："吃了这个脑花，才知道，只有和尚会说豆腐比什么都好吃。"

杜中兵知道我想吃野生黄河大鲤鱼，特别为我准备了三尾。厨师拿上前来给我看，竟然是金黄色的，而且巨大非凡。将大鲤鱼切片后在清汤中灼熟，吃过了才知什么叫黄河大鲤鱼。

饱饱，睡了一晚。在郑州的最后一天，要完成多年来的愿望。

十八年前来郑州的时候，光顾了一家叫"京都老蔡记"的水饺店，吃后惊为天物，感叹要是在香港有那么一家就好了。想不到，老板蔡和顺隔了不久就来到香港，与我研究开店的方案。但那时我的资金不足，与我合作的搭档又说租金太高，冒不起这个风险，结果店没开成，我对蔡和顺抱一万个歉意。十八年来，我对此事耿耿于怀，一直想去见他，亲口说一声对不起。

后来写了一篇文章，看过的人，像洪亮，也都去试了。洪亮向我说："感觉一般，而且蒸笼底部改用布垫底了。"

到了店里，见到了蔡和顺本人，互相拥抱。他说要亲自下厨替我包饺子。

"老蔡记"现在也和"鼎泰丰"一样，客人可隔着玻璃看到严谨的制作过程。蒸笼底部还是用松针铺着，用布的是其他人开的分店，老店还是一成不变。蔡和顺说，变了就对不起祖宗了。

松针的处理方法：一洗、二煮、三蒸、四煮、五泡水，凉了之后抹上麻油。这是"老蔡记"的秘方，使用的是东北白皮松的松针。

蒸饺一笼十二只，卖二十二元人民币。吃进口，汁飙出来，眼泪也飙出来。那么多年前的滋味完全重现，感动到不得了。

"老蔡记"始创于 1911 年，已有 107 年的历史。蔡和顺是第三代传人，当今喜见第四代的蔡雨萌接手。郑州的本店最为原汁原味，大家可别像洪亮一样找错店。

除了水饺，这里还卖馄饨。用老母鸡炖汤，汤里有切成丝的虾肉皮、鸡丝、紫菜和麻油。紫菜特别好吃。一碗才卖八块钱。

依依不舍，道别。蔡和顺说："想吃时，你打电话给我，我随时飞到香港包给你吃。"

𰻞𰻞面

近来，我已很少在电视节目上做嘉宾。接到中央电视台来电，说要我去评点中国的十大名面，地点是在陕西的咸阳。兴趣来了，说走就走。从香港有直飞西安的航班，西安的机场就在咸阳。

评点的面都不是我选出来的，由电视台决定。他们的名单：北京炸酱面、四川担担面、河南烩面、咸阳𰻞𰻞面、延吉冷面、山西刀削面、兰州牛肉面、山东炝锅面、武汉热干面和广州云吞面。

所有的入选名单都会有人不满意，因为他们家乡的面没在名单上。就像《舌尖上的中国》，已搜集得十分周全，但还是有人投诉，这是不可避免的。

我自称是个“面痴”，又被别人封为什么专家，其实非常惭愧。我连𰻞𰻞面都没吃过，对这个名字也没知识。这是汉字中笔画最多的一个字，一共有六十画，读音为 biáng。多数人嫌麻烦，也用罗马字来写，这到底是什么面？

即刻恶补。我要求早一天到达咸阳，去试一家又一家的面档，

势必把咸阳的面都吃过不可。

翌日一早，我就往菜市场走。没有一个地方的食物比菜市场更齐全的了。

一位妇人在卖手擀面。手擀面和拉面不同，仔细看她的制作：先把面压扁，一层又一层，一共十五层，再用一根棍子当尺，一刀一刀切下去。熟能生巧，每一刀切十五条，大小都一样。面条切宽切细皆宜，看客人的需要。问：多少钱？回答：一斤三块钱。

在另一档见到刀削面，与之前看过的不同，面非常之长。刀削面怎能那么长？店里的人说是机器切的，唔，哦，原来是机器刀削面！哈哈，时代进步了！

另有圆面，又叫拉条子；还有八角面，又称细面。手擀面、菠菜面、臊子面、二宽、大宽等，任君选择。隔壁的大排档卖炒面，师傅把锅抛了又抛，一般人没那么大力气，也做不到。炒完配料之后再炒面，最后还要在面上加两颗炒蛋才上桌。动作再快也要煮个七八分钟，一碟面才卖八块钱，在香港不可想象。

又上馆子吃，这是当地很出名的一家，叫 “齿留香” 。吃完，除了觉得便宜之外没留什么印象，但𰻞𰻞面总得先吃一下。原来这是非常非常宽的面，宽得像裤带，故亦称裤带面。那么厚，那么粗，先入为主地认为是很硬的，但咬了一口，哎呀呀，居然能够完全熟透，而且一点也不硬。一种东西做久了，一定能做出道理来。据说，煮的时间还不用太长呢。好吃，好吃，真是服了咸阳人了。

用这种宽面来做成种种不同汤底和浇头的面，最常见的是猪肉猪骨煮西红柿的，叫“西红柿原汁面”，配料是西红柿、大葱、鸡蛋和青菜。即便在大酒店里吃，也只要二十块钱。

这次因为时间关系，有些面没办法尝到。但我还是有口福的，遇到下榻的“咸阳海泉湾酒店”的餐厅总厨李林。原来，他来自广西，常看我的饮食节目。

他对我说：“菜单上的面都煮给你吃，菜单上没有的，你只要出声，我明天为你准备，包管让你吃遍。”

好，来一碗 “爽口酸汤面” 。用的是不粗又不细的面，配料有鸡蛋、香菜、小葱，再淋白醋，很开胃，吃得再饱也可以来一口。

“干拌刀拨面”，所谓刀拨，也就是刀切的意思；干拌就是我们说的干捞。有一小碟面酱，另有肉碎、蔬菜丁、豆酱干丁、豇豆角等，可以吃出面味来，比汤面好吃。

“关中臊子面”的浇头有炒过的鸡蛋、小葱、胡萝卜、土豆、黄花菜、木耳和肉碎，就是他们的肉臊子了；汤是用猪骨熬出来的，另加味精，不管口汤多甜多鲜，也要加味精。

“咸阳箸头面”的箸头，就是像筷子般粗的面，也是干捞，配有鸡蛋、豆芽、肉酱和青菜；另有一大碟醋，我是不吃酸的，以酱油代替。

后来又到了另一家餐厅试了各种名字已经记不起的面条，饱到像西班牙人用手势示范：从双耳流出来！

回到当晚的节目。每一种面都请一位历史学者蒙曼和我分别评点，蒙曼是从学术和历史的角度评点，我则简简单单地评好吃或不好吃。说到炸酱面，我第一次吃是在韩国旅行时，那是五十年前的事。当年还叫汉城的韩国首都首尔，在中国人开的馆子一定有得吃，叫了面就听到砰砰的拉面声，现拉现做，一点也不含糊。当年大家都穷，配料只有洋葱、青瓜和面酱，也都吃得津津有味。当今想起，那是我吃过最好的炸酱面。后来去了山东再试，已加了海参等高级食材。北京通街都是炸酱面馆，觉得没有山东的味道正宗。

评点到延吉冷面时，我表示不应该入围。其实，客观地看，福建的油面也应该入围，它不只在闽南著名，在世界有华人的地方都有这种黄色的油面，其影响力绝对超过用荞麦做成的延吉冷面。

坏 习 惯

最近重临内地一家酒店，酒店重新装修过。一向出名的点心部做出来的烧卖端上桌，打眼一看，首先发现不同，上面铺了些黑漆漆的东西。

什么？当然是所谓的黑松露酱了。吃了一口，味道大不如前。这松露酱也少得可怜，本身已没什么味道了，只是装饰而已。但这笼三粒的烧卖，已较原先的价钱高出三倍来，顾客只有哑忍了。

不只是内地餐厅，这个坏习惯在香港也蔓延开来。什么好吃的都会添上那么一点点名贵东西，什么都要卖贵。

那一点黑松露酱，有些人一看，就大叫黑松露呀，贵呀，贵呀！如果用意大利的 La Rustichella（注：品牌名），还有一点煤油火水味，当今用什么云南产的，哪值几个钱呢？我觉得十块钱人民币的橄榄菜更好吃。

今天去一家所谓新派饮茶的店，叫了一笼虾饺。烧卖、虾饺都是广东点心的代表作，非叫不可。虾饺上面没加什么名贵食材，但是馅本身尽是虾，没什么猪肉，当然也不加鲜笋了。猪肉便宜，虾贵，有什么可以抱怨的，给了你那么多的虾！但是，从前虾珍贵，当今大量养殖，已不值钱，而且经过冷冻，变成半透明，一看已经倒胃口。何况一点味道也没有，不吃也罢。

记得从前去内地，餐厅经营者常问我的，不是怎样把菜炒好，而是还有什么贵食材可用。我说有大把食材，比如鲟鱼酱呀，鹅肝酱呀！

当今，这些都派上用场了。

岂知，最好的鹅肝酱产于法国的碧丽歌，而世界所有的鹅肝酱，只有百分之五的份额来自法国，其余的都来自匈牙利和中国。如果处理得好的话，勉强吃得过，不然就是死尸味。

况且，鹅肝酱极肥腻，只能少量吃，或者加果酱之类的甜东西吃，不可那么一大块一大块地吞。当然，“暴发户”不但那么吃，还会配上烤乳猪，肥上加肥。结果那一桌贵菜吃到人人作呕，在外国一定会闹官司。

不要一直骂自己人，西餐中的坏习惯可多了。坐下来后，先摆一个大碟子，空的，什么都不装。干什么用的？侍者走来，收了回去，原来是观赏用的。我们又学到了，弄出些乱七八糟的碟子，也“观赏”一番。

在二十世纪七八十年代香港经济起飞时，菜肴先由阿婆阿婶端到桌旁，经理或女侍应从她们的手上接过去，再摆在客人面前。我每次看到这般情形，即刻抢着从阿婆手上拿过来。只见她发出可怜的眼光，像是说万万不可，老板会骂的。果然，经理走了过来。结果往往是经理被我指责——当今已不是“暴发户”年代，还来这种坏习惯，餐厅迟早要关门。

潮州人吃响螺，是出名地贵。“暴发户”请客，必叫响螺。做出来的只是那么薄薄几片，吃进口，像树胶那样咬不动。骗别人还可以，若给倪匡兄看到了，会说这根本不是响螺。真正的响螺，螺壳不起尖角。这种螺名叫角螺，不知骗了多少人了！

扮龙利鱼的也被他老人家一眼看穿。他叫卖鱼的翻肚子给他看，如果鱼肚是粉红色的，那才是真的。一般的龙利鱼都带着黑斑，煮完吃了一口都是渣，哪是什么名贵的鱼？

当今到内地，还大兴吃松茸呢。那么粗大的松茸，一大片一大片炒来吃，味道有如发泡胶。真正的松茸，放一小片到土瓶蒸里面，还没捧出来已经闻到一阵阵幽香，怎能相比呢？

还有什么贵东西？西班牙火腿贵呀，什么十二个月、三十六个月的，分辨得出吗？大多是云南火腿扮的，一味死咸，咬也咬不动。“暴发户”还争先恐后，大赞美味。我们当年在巴塞罗那吃的火腿，不刨片，是一角一角切得像骰子一般大的，吃进口，柔软无比，用最不喜欢的词来形容，真的是“入口即化”。

还有鱼子酱。俄国产的最便宜了，也登上大雅之堂了，吃起来像是吃了一口盐，一点香味也没有，但也给航空公司的头等舱拿来当宝。真正的伊朗鱼子酱绝对不会过咸，一颗颗吃进口像会爆炸。世界上只有几个人才能腌出来的东西，岂可和俄罗斯的产品做比较？

说回最单纯的烧卖。我们从前吃的，上面最多铺一点咸蛋黄，这多好！何必用什么海胆呢？结果弄出一些日本飞鱼子，有点脆感，还说是什么蟹黄？连飞鱼子是什么东西都不知道！

最后，最恐怖的，是让内地人士请客时，第一碟就上切得像薯条般又厚又大的三文鱼刺身，那种可怕的假粉红色，都是人工色素。养殖的三文鱼是灰颜色的，就拼命下人工色素，结果鱼不新鲜，也不会变色，让你吃得满肚子寄生虫。

还是返璞归真，来一碗白米饭吧。淋上些蒸鱼汁，已经是美满的一餐，何必去搞那么多花样呢？但是，要怎样才能返璞归真？真的东西已经都被吃得绝种，剩下来的多是基因改造过的，据说西红柿中还加了蝎子的基因，才能防虫。所有芫荽一点也不香，完全是怪味。要返璞归真，得吃过真东西才能归呀，基因改造要经过多少年才能发现对人体有害？

坏习惯要改，我看还得五十年吧。

阿红欢宴

大美人钟楚红约我吃饭。半岛的瑞士餐厅Chesa（注：餐厅名）或鹿鸣春，要我选一家。

Chesa好久没去了，想起那块煎得焦香的芝士，垂涎不止。但是如果说到吃得满足，没有一家餐厅好过鹿鸣春。从第一次来香港光顾到现在，已有五十多年了。记得是胡金铨问我的："山东大包你有没有吃过，鞋子那么大！"说完用双手比画。

我才不信，试过之后，服了，服了，不只是大，是大了还整个吃得完，吃完又想吃第二个那么过瘾。于是决定去鹿鸣春。

约了七点见面的，怎么快到八点还不见人？知道肯定出了问题，即刻打电话去问，原来是早去了一天！我说："是我自己的错，年老步伐慢不下来，反而愈来愈快。每天过得高兴，日子也忘怀之故。'快活'一词，就是那么得来的，哈哈哈。"

第二天，阿红和她的妹妹到了。妹妹嫁到了新加坡，一年回来看阿红几次。跟我的旅行团出游时，她妹妹的一个女儿整天看书，我爱得不得了。当今，她女儿已从波士顿大学毕了业，虽然

读的艺术科，但样样精通，求职时一面试，即刻被录用。看照片，当今的她已亭亭玉立，在波士顿博物馆任高层。

来的还有阿红的闺密，留学外国的北京人，时髦得要命。她喜收藏名画和古董，但最爱的则是白米饭，给自己取了一个“饭桶”的外号。为了她，她的丈夫在五常买了一大块未被污染的土地，种植非转基因的大米。我吃过这米，不逊于日本米。有剩余的，也让阿红在我的网店卖，叫“阿红大米”。

另一位是杨宝春，“溥仪眼镜”的女老板，已有孙儿多名，但人长得和明星一样，身材苗条，外表端庄。

被这四位大美人包围着，我乐不可支。她们有一个共同点：全部都是“大食姑婆”，见什么吃什么。她们是我最爱遇到的品种。

菜由我点。我在这里吃了那么多年，当然知道精华所在。炸二松，是用干贝丝、雪里蕻丝加核桃、芝麻、冬笋做成的，是下酒的最佳选择。“饭桶”带来的日本足球健将中田英寿和十四代合作出品的清酒，一下子被我们干掉了。

接着是爆管廷，那是把猪喉管切得像蜈蚣一样，和大蒜及芫荽一起炒了，上桌时蘸鱼露的山东名菜。再下来是酒煮鸭肝，并不逊法国人的鹅肝，也被一扫而光。

烤鸭上桌。“饭桶”是北京人，也觉得这里烤得比北京的好，尤其是那几张面皮，老老实实，原始的味道。阿红只吃鸭皮，不吃鸭肉，留肚吃别的。

我也同情她，那么爱吃，却又要保持身材。她不拍电影了，我也不拍电影了。她主要的工作是替名牌店剪彩，我主要的工作是替餐厅剪彩。我对阿红说：“等你减不了肥时，和我一块去餐厅剪彩好了，餐厅喜欢胖人的。”

阿红在丈夫的熏陶下爱上艺术品，每次画展都和我去看。她眼界甚高，认识的新画家也比我多，又在到各国剪彩时欣赏博物馆的名画，真伪给她一看即辨别出。如果不和我去餐厅剪彩，她也可以当名画鉴定师。

除了这些，她还热心环保。今晚当然不会吃鹿鸣春的另外一道名菜鸡煲翅了，但要了伴着翅的馒头。馒头做得精彩，咸甜恰好，她连吞三个。“饭桶”的丈夫也是北京人，她打包了拿回家让丈夫享用，也说北京做的没那么好。

接着，烤羊肉上桌。这是一道把羔羊炖过之后再烧的名菜，软熟又香喷喷。可惜阿红、她的妹妹和“饭桶”都不吃羊，让杨宝春和我吃个精光。下次记得，把这道菜改为炸元蹄，将猪脚煮得入口即化，再炸香，所有人一定无法抗拒！

以为再吃不下时，上了烧饼。这个烧饼烤得香喷喷的，切半，像一个眼镜袋，再把干烧牛肉丝和胡萝卜丝塞进去，塞得愈满愈过瘾。阿红连吞三个，问店员有没有榨菜肉丝，请店员另上一碟，又多塞了几个烧饼。

不行了，不行了，大家都饱得“食物快由耳朵流出来”时，大厨利用剩余食物，把烤鸭的壳斩件入滚汤，下豆腐粉丝和白菜，直至把汤煲至呈乳白色。我们喝时，把剩下的鸭腿骨边肉也啃了才肯罢手。

这时，最精彩的山东大包上桌。事前已问大家各要几个，有的说一个，有的说一个分三人吃。结果发现，看起来那么大的包子，原来里面的馅是杂肉碎、粉丝、白菜等蓬蓬松松的东西，不会“填肚”，包子皮又薄又甜。鞋子那么大的山东大包，我们一人一个，吃个精光，最后只剩下一人一个。事后，“饭桶”说翌日加热了吃，更是精彩。

不能再吃了，减肥要前功尽弃了。

甜品跟着上。有高力豆沙，皮是蛋白加面粉做的，发酵得又松又软，吃起来像吃空气，豆沙又甜美，当然又吃精光。第二道甜品是莲子拔丝，香蕉拔丝吃得多，莲子拔丝更是神奇，当然不放过。焦糖黐底的部分更是美妙，吃到完全不剩。

埋单，还不到“饭桶”带来的酒价钱的五分之一。大家互相拥抱道别，约定下次去 Chesa 再大干一番。

澳门居民

记不清这是第几次去澳门了。

这句话也有语病，其实不应该用“去”字，而是“回”。我已经有了澳门的永久居民身份证，是个澳门人了。

“你想住哪间酒店？”老友米夫是安排这次活动的人，他给了我很多选择。

我当然会选“大仓”（Okura）。当年东京还没其他好酒店时，这块牌子与“帝国”齐名，就连他们管理的上海“花园饭店”，也是至今我最爱入住的。还有一个私人理由，很简单，那就是有喷水坐厕。全世界的所谓“五星级酒店”，也不是每家都有此设备。日本早在三十年前已普及，公路旁的休息站也设有。用惯了，一旦没有它，总觉得很是不便。现在，内地很多城市的酒店、家庭也开始出现这种喷水坐厕了。

“大仓”的好处当然不止于此，服务是无微不至的。但这些服务，都在低调中进行，在花花绿绿、吵吵闹闹的赌城中，被客

人忽略了。

不单是服务好，酒店里的日本料理“山里”可说是最正宗的一家，就算在香港也找不到。当然，香港的高级寿司铺很多，有的还只有七八个座位，但是说到“怀石料理”，真的找不到几家做得像样的。

单单说餐具。最先上的那道“先付”中，“山里”用了一个黑漆漆的碗，毫不起眼，但一打开盖，便会看到绘制精美的图案，已令人赞叹。碗里面盛着的泷川的豆腐、生海胆、秋葵和紫苏花穗，美味之极。

总之，整顿餐没有一样不好吃的，食材都走在季节的前端。嫌“怀石”好看不好吃，吃不饱吗？这家人的特点在于最后的那煲饭，用大陶钵炊出来，米饭粒粒晶莹，加上鲍鱼等各种食材调味，一定让你吃完一碗再来一碗。

问价钱，便宜得令人发笑。正统的日本料理从不宰客，价格一定是公道的。

至于早餐，酒店的自助早餐虽丰富，我还是喜欢到营地街菜市场的四楼。那里种种地道的食物应有尽有，而且我已经和各位小贩结成朋友，互相嬉笑更是快乐事。凡是有朋友问起去哪里能吃到又便宜又好的，我一定介绍他们去那里，吃完回来个个都满意，没有一个失望的。

中餐当然还有“祥记面家”，消夜有“六记”；豆腐花还是“李康记”的最好，吃过的没有一个不大赞的。甜品店“杏香园”是我最喜欢的。“杏香园”1946 年于广州创立，1963 年迁移到澳门。它改变了传统甜品，又加冰激凌，又加凉粉，又加椰浆。你去吃时叫那个最贵的，什么都有，吃完已是一顿大餐。如果还不饱，可以买他们的粽子，里面有七八粒大瑶柱，真材实料，绝对能吃出幸福感来。这回本来想去吃一餐，但时间不充裕，而且听说他们已来香港开分店，还是返港后再去光顾吧。

也不是老吃那几样，新的酒店愈来愈多，丽思卡尔顿的客房还全部是套房呢。米夫给我推荐那里的“丽轩”，说有高级点心吃。我最近对粤式、沪式和京式的点心都很有兴趣，但听到“高级”这两个字有点怕怕——不是贴金箔就是乱加鱼子酱、松露酱的。

“丽轩”做的点心不同，不但食材讲究，而且花了心思，让我很佩服。单单说“脆米海皇焗金瓜”这一道好了。所谓“金瓜”，是潮州人对南瓜的叫法。取一个西柚般大小的南瓜，里面挖空，制成盅。把瓜肉、饭与海鲜入锅同炒。南瓜本身已有甜味，加上鱼虾更鲜，炒完填进小南瓜里面焗出来。最花工夫的是最上面的那一层饭。先将白饭烘干，再拿去炸，炸后填入南瓜盅里面，米饭的层次分明。的确做得好，值得一赞。

赌场一多，名店自然跟着来。大众化的店我一点兴趣也没有，反正到世界的任何角落，这些名店都“阴魂不散”，随时可以光顾。令我惊奇的是一家叫 Zimmerli（齐穆里）的，从前根本没有什么人会欣赏。这家专卖内衣内裤的老店，早在 1871 年已在瑞士开业，产品非常之精美，当然价钱也不菲。不过，人生有很多阶段，穿得起的时候，不能对不起自己。

这家店的产品以前在香港置地广场的地下街可以买到，但是和其他牌子掺在一起的，货物的选择余地不大，而且已经倒闭。澳门这家是专卖店，产品林林总总，其中还有一半棉一半丝的长裤，有蓝白两种颜色可选。这种裤子的好处在于，当睡裤穿亦可，当西裤穿也行，不会失礼，是长途旅行的“恩物”。这种裤子还可以手洗，真是不错。

本来也想去“大堂街 1 号”的葡萄牙餐厅吃一餐，但是时间真的不够了。米夫知道我喜欢吃那家供应的芝士，羊奶做的，比中秋月饼大一倍，形状也像，外皮较硬。里面的芝士又软又香，让人百食不厌。

我住亚皆老街的日子

当年我从“邵氏”辞职出来，前路茫茫，第一件事当然是到外面找房子住。

先决定住哪一个区。很奇怪地，我们这些住惯九龙的人，一生都会住在九龙。清水湾人烟稀少，要强烈对比，唯有旺角。我便去附近地产物业铺看出租广告，见亚皆老街 100 号有公寓出租，租金合理，即刻落定。

这是一座十层楼的老大厦，我搬了进去，也没想怎么装修。“邵氏”漆工部的同事好心，派一组人花一整天就替我把墙壁翻新。我也没买什么家具。之前在日本买的那几叠榻榻米还不算残旧，铺在地板上，就开始了新生活。

好奇心重是我的优点。安定下来后，一有时间我便往外跑。旺角真旺，什么都有。我每到一处，必把生活环境摸得清清楚楚。

最喜欢逛的当然是旺角街市。从家里出去几步路就到，每一档卖菜和卖肉的我都仔细观察，选最新鲜的，从此常常光顾，不换别家。一定要和小贩成为好友，这样他们有什么好的都会留给你。

街市的顶层一向有熟食档，早餐就在粥铺解决，因为我看到他们是怎样煲粥的：用的是一个铜锅。用铜锅来煲粥，依足传统，不会差到哪里去。

另一档吃粥的，在太平道路口，由一家人开的。广东太太每天一早就开始煮粥底，用的是一大块一大块的猪骨，有熟客来到，就免费奉送一块，喜欢啃骨的人大喜。因邻近街市，这里每天都有猪肠等新鲜的内脏。这家人的及第粥做得一流，生意滔滔，忙起来时，先生便会出来帮手。

广东太太嫁的是一位上海先生，他在卖粥的小档口旁边开了一家很小很小的裁缝店，相信手艺不错。只是，我当年还不懂得欣赏长衫，没机会让他表演一下。

在亚皆老街的转角处，开了档牛杂，一走过就闻到香喷喷的味道，很受路人欢迎，价钱也非常公道。当年，我已经开始卖文，在《东方日报》的副刊 “龙门阵”写稿。诸多专栏中，我最喜欢一位叫萧铜的前辈，他的文字极为简洁，有什么写什么，像“去到小食肆，喝酒，原来啤酒是热的，照喝”……

后来我才发现，看他的文章那么多年，不知不觉受了影响，

待機停下方可開閘
安全第一
切勿超載

有时自己也想到什么写什么，什么时候停止，什么时候停下，什么时候开始，什么时候断句，都很自然，而且愈自然愈好。

萧铜先生其实大有来头，曾在上海相当有名望，太太是明星，女儿也是演员。和上海妻子离婚后，他娶了一个广东太太，他称“广东婆”。在他的文章里，“广东婆”经常出现，也是他的生活点滴。

我最爱和萧铜先生在牛杂店里饮两杯。那时我的酒量不错，我们两个喝酒的人都不加冰或其他饮料，有什么喝什么。我也是那时才学会喝“二锅头”的，用竹签插着牛杂下酒，直至店铺打烊为止。

亚皆老街100号的大厦里，同一层楼中也住了另一位电影人，后来我进了嘉禾才认识。他便是导演张之珏。那时，他还是个跟班，整天和洪金宝那组人混在一起。

这座大厦有部古老的电梯，有道木头的拉门，关上了才另有一扇铁闸。赶时间没好好打招呼的是缪佶人，她是鼎鼎大名的缪骞人的姐姐，真是一位女中豪杰。她是制作高手，电影电视广告等，无一不精通。她性格极为豪爽，粗口“一出成章”，尤其爱打麻将，玩时“妈妈声”地说话，男人都没有她讲得那么传神。缪佶人做过空中小姐，后来她不断去旅行，到过天崖海角。我对她十分敬仰，不知道她现在跑到哪里去了，已多年不见了。

在亚皆老街的横路上有条胜利道，这里好吃的东西最多了。“老夏铭记”就在胜利道上，他们的鱼蛋和鱼饼让人一吃上瘾，就算我后来搬走，也经常回去买来吃。再后来，“老夏铭记”因租金太高而迁移到旺角差馆附近继续营业，直到店主最后不做，享清福去了。

后来，胜利道的店铺陆续转为宠物店，愈开愈多。有了宠物店当然有宠物美容铺，也一定有宠物医院。每次经过这里，看到主人抱着病狗，忧心如焚地等待报告时，我都心中暗咒：“对你们的父母，有那么好吗？”

说回太平道。以前有家粤菜馆，名字忘记了，是香港第一家走高级路线的。他们用的碗碟是一整套的米通青花，要是保存到现在，也是价值不菲的古董了。张彻和工作人员吃饭，最喜欢到那里去。

由太平道转入，便是自由道。狄龙很会投资，在清水湾道买了一间巨宅，就在李翰祥的隔壁。他在太平道也有间公寓，我时常遇到他们夫妇俩。

另一边是梭椏道。那里有个小街市，卖鸡卖鱼，也有档很不错的肠粉铺。在那里，我第一次见到布拉肠粉的制作过程，看得津津有味。

太平道边的火车天桥底下，本来有多个水果摊，后来被迫搬走。记得总有一档水果，价钱比其他档的便宜，客人便挤着去买。后来得知，原来那七八档，都是同一个老板。

今天怀旧，又到亚皆老街附近走一圈。上面提到的店铺和食肆都已不见了，只剩下梭椏道转角的加油站还在。旧居亚皆老街100号，也换了道不锈钢铁闸。里面住了些什么人呢？探头望去，见不到住客，有点惆怅。

澎湖之旅

从前，我被“邵氏”公司派去台湾地区当电影制片总监，在台湾地区住了两年。以看外景为名，我走遍台湾地区，只漏掉了一个澎湖小岛，憾事一件。

这回，专程走一趟。台北、台中、台南各有去澎湖的飞机，但从高雄去最方便，只要三十分钟。一到机场，所谓的“高尚游客”都会怕得要死，因为看到的是一架螺旋桨飞机。我们旅行惯了的人无所谓，上次飞柬埔寨也是这个机种，空中小姐还说它比喷射机更安全呢。

“去澎湖干什么？”这是没去过那里的人首先要问的。

当然是去吃海鲜。台湾地区大城市的海鲜档常以澎湖鱼招徕客人，至于是什么鱼，概念模糊得很。蔬菜著名的有丝瓜，就是节瓜了，当地人称肉瓜。这种瓜皮少肉多，清甜得要命，拿来炒生蚝、贝柱或各类的蚬，完全是仙人的食物，试过后令人念念不忘。

当今我旅行，多数是抱着是否可以带团一游的心态，所以第一件事就是考察酒店。澎湖由几十个小岛组成，所有酒店全部看

过，有“海豚湾”“海洋度假村”“元泰”“百世多丽”等，包括抵达那天才开张的“海悦”。所有酒店，名中多加了一个“大”字，其实并不大，也不豪华。比较下来，最舒适的还是“和田大酒店”，在九楼还有一个小巧的水疗馆，服务人员的招呼都很亲切。

接着就吃海鲜了。凡是到了澎湖的人都要去的，是一家叫“清心”的海鲜馆。这里并非因海鲜出名，而是因为老板吕九屏和蒋经国是好朋友，走进店里就能看到两人拥抱的大张照片。店很大，当今已专做游客生意。

一位中年太太前来招呼，我没问和她与吕九屏有什么关系，大概是他的女儿吧。九屏这个名字是蒋经国改的，较为文雅，他本人原名叫酒瓶。

“有什么野生鱼？要最好的。”我点菜。

“老鼠斑没货，野生的只有一条九星斑。”她说。

当然不会放过。九星斑蒸出来，一尝，口感过老。女老板看了我的表情后说：“几十年前就有香港人来教我们怎么蒸，我们当然懂得蒸得脱骨的道理，但是客人都说不熟，我们的师傅就慢慢忘记了香港的吃法。”

另外有一条野生的海鳗，香港人叫“油鎚”的，炸了再红烧，肉质粗糙得很，而且鱼一炸，也没什么味了。

丝瓜当然好吃，接下去的那几家店也都做得好，没有失望过。还有他们的金瓜炒米粉，金瓜就是南瓜，炒得比其他所有的餐厅都好吃，没比较过是不知道的。我最爱吃这道平民化的食物，越吃嘴越刁。

在短短的两天之内，我们吃遍了“嘉宾川菜海鲜馆”“来福海鲜餐厅”“龙星餐厅”“长进餐厅”“花格海味”等，还有几家不记得名字的，所做的菜都大同小异，食材更是千篇一律。鱼多数是养殖的，有其形而无其味，弄到最后变成没有什么印象。

在澎湖，很少见那种把每类海鲜都摆出来让客人选择的食肆。有条海鲜街放满游水鱼的玻璃缸，但鱼的种类不多。当地人说，这是为游客提供的，没什么吃头。

这可能和小岛上的生活太过闲逸有关。

“渔民抓到什么就拿什么来卖，来货并不稳定。”餐厅经理若无其事地说。

唉，不稳定，怎么带团来呢？可以预先准备呀！但预先准备就代表把鱼冷冻了，我们那些吃惯游水鱼的客人，怎能老远跑来吃冰冻的呢？

但我也不相信鱼的种类只有那么几种。

第二天，我们到了他们的菜市场。哇，叫不出名字的海鲜无数，一定可以买到野生的。野生鱼就算肉质不佳，也会有鲜甜的味道。要是有一家餐厅的老板够勤力，每天到菜市场进货，开一家最高级的海鲜店，也不愁没生意呀。

对澎湖的海鲜失望了，去小店欣赏，找最“老土”的菜肴吧！当地人称为“古早味”的，有花菜干、腌鱼干、土豆猫子虫、高粿饭等，这些菜反而吃起来津津有味。其中，有一道叫“石鱼巨”的当地菜，是把八爪鱼晒干，待八爪鱼凹了进去，像个小碗时，用来煮萝卜汤，真是鲜甜。

早餐，到文康街去吃“北新桥牛杂汤”和“香亭鱼土魠鱼梗”，或去酒店附近的一家咸糜店，都很不错，吃得饱饱。

至于在海报上看到的白色沙滩和见底的海，那就要离开马公，到附近更小的岛屿才能看到。人类真是厉害，在短短数十年内，把数亿年的沙滩全污染了。

回到菜市场，想买一些土特产当手信。看到有大杧果，我非常喜欢。

澎湖好好发展的话，其实是大有前景的。有规模的酒店，加上适当的宣传，比如用电视剧把它拍得浪漫，整个岛就可以变成“蜜月圣地”。也不必一定要靠开赌场等为噱头，完全可以以海产为名。当地人应该多往这方面下功夫，让人感到吃过一次澎湖的丰富海鲜餐，已值回票价。

不过，最大的困难来自交通。有一班从高雄来的船，要五个小时。飞机虽快，但航班甚少，每架螺旋桨飞机只能坐五十多个人。一团游客已经占了四十位，自由行的人怕是订不到票的。

其实，一切问题都能解决。对今后的澎湖，我拭目以待。

炎仔卖面

最近抽空去了一趟台北。美好的东西在一件件消失，希望去了台北，我喜欢的老食肆还在。

第一件事，要去吃“切仔面”。“切仔面”的面，当然不是用手拉出来的，但也与“切”无关，“切”只是一个发音，下面时，用两个竹笊篱，一个是空的，一个装了面，上一个压住下一个，一齐放入汤中滚煮，煮时上下摇动，发出“切仔切仔”的声音来，故有这个名字。这是一种很地道的台湾小吃。

“炎仔卖面”又叫“金泉小吃店”，这家老店到现在已是第三代，号称“台北最老牌的切仔面”。店面在安西街上，靠近台北最古老的商业街通化街和大稻埕。当今，这一带已被翻新，卖海味、土产、药材的商店林立，已成为旅游景点。这里也是日本游客最爱光顾的地方之一。如果你没有去过，是值得一游的。

“炎仔卖面”从早上八点钟开始营业，数十年如一日，还是那个老样子。店面小得不得了，门口还摆了两张椅子，里面有七八张小桌。一大清早就见排长龙，巷子里泊满顾客的名牌车。

门口不见招牌，但抬头一望，从二楼伸出长方形牌子，圆圈圈住“卖”字和“面”字，红字写了“炎仔”，下面才是“金泉小吃店”五个黑字。

不能订座，排到你的时候走进去。找到位子坐下，没有菜单，食物摆在摊子前，有生的，有熟的。拉住了伙计，这点点，那指指，东西就一碟碟一碗碗替你拿上来。

“切仔面”的特色就在这些小吃上，这里切一点，那里切一点，随便切，当地话叫“黑白切”。

从自己最爱吃的叫起。来到台湾地区，当然是吃内脏。台湾人有吃内脏的文化。这一点，从他们的菜市场中可以看出来，内脏卖得比肉还贵。

先叫一碟粉肝吧！他们做的猪肝真如其名，来得一个“粉”字，吃进口软绵绵，味道来得一个“香”字。做法据说是将酱油注入针筒，打入猪肝的血管中，使其分布到猪肝的各个部分，然后将猪肝蒸熟，当然咸淡恰好。若嫌不够味，上桌时一定跟着浓似酱料的豉油膏和香甜的辣酱各一碟。其实，叫店里大部分的菜，都有这两碟酱料跟着。

店里著名的红烧肉是用酱汁煮过后再炸出来的五花腩，外观没有过分的红颜色，反而显得自然。入口细腻而绵滑，肥的部分比瘦的更入味，和我们常吃的肥叉烧有得比。

没忘记内脏。来一碟猪肚和猪心，都只是白水煮熟，全靠蘸上述的两种酱料调味。分量极多，但不怕，尽管叫，反正不是天天光顾，叫多一点又如何？吃不完打包。

花枝，就是鱿鱼，也是用白灼的方法，奇怪的是口感一点也不硬。只有内脏的一半价钱，二十港元一份。

见店里摆着一大盘一大盘的白切鸡，说是走地鸡，很有鸡味，连我这个不喜欢鸡肉的人也试了一块。

不能老吃干的，来点带汤的吧。见店里有一口大锅，锅中浸着猪脑和猪腰，大喜，即刻各来一碗。

久未尝到的猪脑，胜过豆腐十倍，汤中只加了大量的姜丝，吃进口马上觉得很暖胃，唤回小时候喝妈妈煮的猪脑汤的感觉。当时，是妈妈怕我们不够聪明而以形补形吧。

猪腰是肥肥胖胖的一大块，一点也不吝啬，冲洗得干干净净，完全没有异味。这时，我发现台湾人对内脏的处理很巧妙，是高手中的高手。

已经一发不可收拾了，再来一碟小肚，是猪的胎盘。生肠也不卤，爽脆得要命。内脏之外，再来台湾地区做得最好的“鲨鱼烟”，即烟熏的鲨鱼。他们选鲨鱼皮、鱼筋夹着肉的部分，口感错综复杂。肉之鲜甜，如果你没吃过，是没有办法用文字形容给你听的。

说是来吃面的，怎么可以不提它一提呢？

面分湿的和干的两种，用的是福建人黄澄澄的油面。经过那两个竹笊篱在高汤中烫了又烫，发出“切切”声之后，不到几秒即熟了。倒入碗里，没有什么配料，只放了豆芽、韭菜，上桌前淋上红颜色的甜酱。仔细一看，有猪油渣和红葱头渣。我喜欢吃干的，干的才能吃出面味。一碗面分量很小，一叫就是两碗。有汤的材料和干的一样，每碗只卖八港元，再多吃十碗也吃不穷人。

老板娘在店内长驻，和老大负责点餐、算钱，老二负责切菜，老三负责煮面。那么多客人，怎么算呢？从前都是心算，比计算器还准，从不出错，当今可能年纪大了，有张菜单，写着鸡、血、小肚、菜、心、饭、肝、扁食（即云吞）、三层肉、腰只、烧肉、生肠、花枝、鲨鱼、汤有下水（即各种内脏都有），还有米粉和面。内有玄机，左边是 1、2、3、4 桌，中间是 1、2、3，右边才有冷气，分别为冷 1、冷 2、冷 3、冷 4，好玩得很。

第九章

且歌且行

车中见闻

从广州乘直通车回香港。

车票由友人代购，又没有指定座位，坐的是往后退的座位。我有个坏习惯，乘任何交通工具都得向前看，一倒后，即刻头晕呕吐。

在这种情形之下，我宁愿站着也不肯坐下来。好在这班车有个餐车，就走去吃点东西，喝杯茶。两小时，很快就到了。

直通车很怪，卖票的总是把客人挤满某几个车厢，剩下一两节空的。这大概是为了方便服务人员吧。

有免费茶水供应，但不够冰。喝温果汁与喝温啤酒一样，需长期训练才能下喉。

车厢内很吵闹，坐了四个烫了发、大声调笑、戴“金利来”领带的男人。

时有推车子卖东西的女服务员经过，除饼干、杂果和汽水之外，还卖邮票和硬币。我乘过世界上不少地方的火车，从来没看过有人卖这两样东西。会有人光顾吗？

“过来！”其中一名男人向女服务员呼喝。

起初，女服务员以为客人只是看看，无购买之意。

“这一本多少钱？”男的指一下。

“五百。”她回答。

“还有没有更贵的？”

“有。”她笑脸迎上。

戴“金利来”的男人要了几本价值数千块钱的邮票集，对女服务员说：“算便宜一点！”

“一共是一万多元！”她说，“打个九折，九千七百五十元。”

“算八千八百八十。”男的说，“意头好，成交。”

“买那么多，为什么不向她要一个电话？”另一个男的待女服务员走后嬉笑问。

买东西的男人说：“我在香港有个女儿，什么都不喜欢，只爱集邮。她从小患小儿麻痹症，不能走路。”

这位面目可憎的男人，忽然变得很可爱。

屋子和酒店

到广州去看房子。既然那么喜欢这座城市，价钱合理的话，就可以考虑购买。

沙面是我的第一选择，但这个旧城区，政府要将其发展成其他项目。住在这里的人可以搬出去，新住客不准搬进来了，很可惜。

广东的友人都说："选二沙岛吧。"

二沙岛是一个高尚住宅区，很多香港的大地产商都在这里投资。

周围环境幽静，是个理想的地方，但是交通不便，又没有人气。

"你能住那种地方，就有能力请司机呀！"友人说。

是的，在内地买辆车子，请个同事驾车，请位老妈子烧菜，不是我不能负担的，但主要是我和这种地方格格不入。我需要生活，而生活主要是要有人。

沙面就不同。清早走出来散步，和大家耍太极剑、打羽毛球或者打四圈麻将，一定能多活几年。

住在广州的好处在于，只要一个多小时的车程，就可以到东莞、顺德、佛山、南海、三水等地游玩，吃吃当地的东西。再远一点，整个珠江三角洲都能覆盖。

这次顺道去了台山。台山最出名的是黄鳝。黄鳝蒸出来，用牙齿咬鱼头，筷子夹住往下一拉，肉即褪下。头和骨放在碟上，排成一圈，煞是好看。

更有好吃的黄鳝饭。把鳝肉用砂姜炒了，再混入种种香料，放入煲中，烧到煲边贴满锅巴，香喷喷地上桌，天下美味。

沙面的房子买不到，住“白天鹅”好了，反正花在买房子上的钱，怎么样都不会比酒店房费少。

买房像娶妻，住酒店像多个情人。

陈慈黉故居

来潮州，最值得看的一处名胜是陈慈黉故居。

陈慈黉故居没有一点江南大宅的小桥流水庭院设计，一切都是实实在在的，特点是大、大、大。

大小厅房一共有 506 间。传说有一个小婢女，每天专门负责开窗户，早上打开，中午吃完饭再一扇扇关上，等全部关完已是天暗。

说到陈慈黉，南洋一带的潮州人没有不认识的。香港人对他也不陌生，“南北行”就是由他父亲建立的。

陈慈黉的爸爸陈焕荣，靠航海发家。陈慈黉随之到泰国做生意，事业做得如日中天。在公元 1900 年，陈家耗费四百万“龙银”，建筑了这间大厝。

现在看来，故居有被破坏的痕迹，但建筑物本身是以水泥为骨架，保留得相对完整。故居分成四大座：郎中第、寿康里、善屋室和三庐书斋。小姐们住的那座建筑门窗很小，但有一个抛绣球的阳台，出嫁前会露一露脸。

屋子大了，连学校也建在里面。小姐们是不让读书的，但是聪明的潮州女子总不甘心，四书五经不让看，她们就靠强记歌词来识字，收集词句的《歌册》信手拈来。

女人争取起地位来，有一股不可思议的力量。同样是重男轻女的陈氏家族的这座故居，是由一个女人一手一脚设计和督工的，她是陈慈黉的小媳妇。没有人记得她叫什么名字，但她将足够的学识融入西洋建筑中，也够魄力以“一字千金”的高价请当年的书法家革世奎，写了十二个字。

女人的力量永远不能低估。

汉语比赛

这次北京之行，是陪金庸先生来的。中央电视台有个大型的鼓励外国人学汉语的比赛，请金庸先生去当首席评审。

比赛会从来自世界各地的几百名参赛者中选出四十多名，再挑选十五名进入决赛，得奖的可在中国任选一地留学，还包住宿及来回机票，加起来二十几万人民币。头奖三名，其他人也有丰厚的奖金。

第一个环节是用汉语自我介绍和朗读志愿，为时两分钟。中间挑选题目问答，最后又要过知识题的一关。

越南来的女选手穿民族服装，学邓丽君唱《月亮代表我的心》，俨如职业歌星，咬字清晰，很有水准。

余兴节目中还有身材高大的金发姑娘扭秧歌，甚是有趣。

美国来的女子和斯里兰卡的少年扮《骆驼祥子》中的虎妞和祥子，虎妞被弄大了肚子那一段情节，祥子不认账，虎妞大哭大叫“我不要活了”，让观众笑破肚皮。

有一位来自德国的参赛者，还专门研究鲁迅的《狂人日记》。

参赛的人不管奖金有多少，志在得到一个“汉语使者”的荣誉。有了这个头衔，足够他们在中国找到心仪的工作。

节目当然也有无聊的部分，像问答题的答案全录在一本书上，熟读后什么问题都回答得准确。这就没什么意思了。

比赛结果，头三名的得奖者分别来自新加坡和越南。这些人本身和中国语文的接触机会多，对一个汉字都不认识的白种人来讲，并不是太公平。

金庸先生事后建议，今后的比赛如果能分华裔和非华裔的，就更完善了。主办者都觉得有道理。拳击赛中也分重量级和轻量级，男女足球队也有分别的嘛。

潘家园旧货市场

上一次去北京，到了中国最大的古玩中心，有数层楼高，里面有几百家商店。载我去的司机说："如果这里没有你喜欢的，可以到附近的潘家园去，那里有个人出来摆摊子，也许能够找到一点好东西。不过，要星期六或者星期天才开，今天去不了了。"

这一回，归途乘的是下午的飞机，刚好碰上星期六，就请司机带我去逛逛。

好大的一个地方，像座公园，门口写着"北京潘家园旧货市场"几个大字。

走进去，发现分两个部分。占全面积三分之一的地方叫古玩所，是半永久性的建筑，一排排店铺，足有七八排，百家之多。

至于周六、周日才有的摊位，则占了全部面积的三分之二。

外国游客也闻声而至，穿梭于人群之中。我先到古籍摊子，看到卖的都是一些可以扔完再扔的书，但是小人书部分就很有趣。

找到小时候看的连环画，当中也有刘旦宅和范曾的作品，后者已经成为大师级人物。照我看来，当年的连环画精彩过当今的所谓名画。

古玩所中卖的东西大同小异，看得我头晕眼花。中间有家专卖葫芦的，店名叫“葫芦徐”。

临时摊的花样比较多：西藏来的法器，新疆的弓箭和马鞍，云南的银器和刺绣等。也有瓷器、石头和家具市场。

“都是假的。”司机批评。

“当然啦，真的古董也不许带出境呀！”我说，“假如好的话，假的也没有关系。真古董只放在博物院隔玻璃看，假的还可以拿来摸摸。”

上　网

上海有许多一流的旅馆，朋友们都喜欢住浦东的高楼，我却独钟情“花园饭店”。住在这里最大的好处是，一走出去就是淮海路。

小时候，听父亲讲过许多关于上海的故事。记得他谈得最多是霞飞路上一家俄国餐厅的罗宋汤。现在的淮海路就是从前的霞飞路。

“花园饭店”被日本大仓酒店（Okura Hotel）管理，干净是首要条件。虽然只是经一经他们的手，价钱即刻不菲。

房间宽大，设备和服务都无懈可击，唯有 Wi-Fi 上网的程序非常复杂。自己搞不明白，只有向酒店求救。

接电话的是一个日本专家，普通话一点也不灵光，我干脆用日语叫他上来看看。

这家伙恭恭敬敬地搞了老半天，还是上不了网。我急了，骂他笨蛋。他鞠躬说：“请等一等，我再派位专家上来。”

这一等就是半个小时，终于有个操上海口音的专家打来电话，问我有什么问题。

我又气了，用沪语说：“阿拉怎知道有啥儿问题，侬才知道有啥儿问题！”

“对不起，对不起。”对方说，“因为我还没上班，现在正打车来酒店，先拨个电话问问，看看可不可以救急。”

俨如医生看病人的口气。

专家来后，左按右按。我在一旁看着，对他一点信心也没有。

“请把你的密码输入。”他说完一百八十度转身，表示不会看到。

终于成功。

中国专家还是比日本专家厉害。给小费，他坚决不收。这一点，倒似日本的服务精神。

诚　　意

这次在上海下榻的是“外滩茂悦大酒店”，英文名叫作“Hyatt on the Bund”。设计新颖，但没有一般所谓精品酒店那么多棱角，只是把间隔摒除，一间大房中什么都没有，什么都看得见。

酒店分南北两座，中间是大堂，北座的三十楼和三十一楼是餐厅，由日本室内设计公司“超级薯仔”（Super Potato）操刀，大厅像一个开放式的大厨房。一边摆放各种饮食和烹调的“咖啡桌书”（Coffee Table Books），也有建筑、室内设计、生活及旅游方面的大图书；另一边放满形形色色的烧菜用具和调味料。

走廊墙壁由世界名酒酒柜组成，厨师会走到客人面前和他们交谈要吃些什么，再跑进厨房制作。

至于三十一楼，则全是包间。在内地，大厅生意只是点缀，包间才是主要的收入来源。

天台有两层，是当今上海最热门的“蒲点”，叫“Vue

Bar”。Vue 是法文，解为英文的 View（风景区），但都不及中文名字“非常时髦”那么贴切。

怎么个时髦法？这个露天的天台吧摆着几个像床铺一样的大沙发，中央有个圆形的温水喷池。少女们随着热门音乐起舞，汗湿了身，就跳进去浸，再起来时衣服紧贴着身体，身材毕露，煞是好看。

顾客都不尽是外来的，上海少女颇多，成群结队，不带男伴。她们穿着迷你短裙，做拉一拉不给人家看到底裤状，小腿大腿则任人看。

也有不少外籍男人前来搭讪，多数无功而返。我看了笑出声来。

“如果你出马，有没有把握？”友人问。

“当然！”我说，“应该先有诚意。”

“什么诚意？”

“先把人家喝酒的账单付掉，就是诚意。‘鬼佬’那么吝啬，谁理你？”

西湖畔上的女人

抵达杭州时已是晚上，随便吃点东西便回酒店休息。

第二天一早，我往西湖跑，想看日出。

如果再晚一点，西湖畔上就会出现很多妇人卖龙井茶，纠缠不清，很难摆脱。

“先生，要不要买珍珠？”岂料，走到西湖后即刻跳出来一位中年妇女，向我招徕。

看她勤劳，这么早出来做生意，很想照顾她的生意。如果是茶叶，不管好不好，买它一两罐算数，但是这种珍珠买了干什么？杭州又不是以珍珠闻名。那女人把一串珍珠放在地上的石头上磨了又磨：“先生，绝对是真的！”

向她说：“珍珠不要了，给你点小费吧！”

妇人摇头拒绝，真有骨气。

湖畔上还有人练太极剑。一个少女骑着单车，担一撮剑来卖，练太极的妇人和她讨价还价。我看那把剑的钢水不错，震了一下还摇摆个不停。我自己学过几招，也想买把玩玩，就凑上去听价钱。当地人买的一定错不了。

“五十元人民币。”少女说。

便宜得不能相信，那么好的一把剑，手工费也不止。但是鞘上雕的东西太过花巧，我要的是把平实的。

“你那把，一百块钱卖给我好吗？”我看到耍太极的妇女手中的剑，正合吾意。

“用惯了，不卖。”妇人摇头，“你到前面去，有家店，去选一把好了。”

往前走，果然有家宝剑专卖店，看到我想要的，标价两百多。我知道底价，出五十。售货少女做为难状，最终以六十元成交。

提剑散步到岳飞的坟墓。

“多少钱买的？”有位妇人问。

“六十，很合理。”我说。

她微笑：“我们买，三十。”

发现一个道理，今早遇到的尽是女人。

杭州男人懒，还在睡觉，他们命好。

缘缘堂之缘（上）

如果不是为了公干，我想我不会再访杭州了。

这次的杭州之旅，除了开签书会，还有两个重要目的：去看在西湖文化广场举办的丰子恺《护生画集》真迹展，到桐乡参观缘缘堂。

《护生画集》原稿我已经是第三次看了。第一次是在新加坡的檐菩院，由广洽法师亲自展示。当年画集留在他那里，尚未捐出来。第二次在香港艺术馆，于2012年举行的丰子恺“护生护心”专题展上。

展址在杭州文化广场，与印象中的文化广场相去甚远，在市中心起了一座似胡椒筒的高楼，下面分好几座文物院，像商场多过像博物馆。

广场面积很小，但展出的画要比借给香港的多，有一百二十四幅。由于只限于《护生画集》，没有丰先生的其他作品。

不过这也难得了，能让年轻人有机会认识丰先生的作品，是件好事。

在杭州住了两日。返港当天，一早包了一辆七人车，前往位于桐乡的缘缘堂。事前已与“丰子恺纪念馆”的馆长吴浩然约好。丰先生的画作在香港展出时，吴浩然曾陪同丰一吟女士一同来港，大家一见如故。

问司机，说要两小时的车程，但内地的交通时间永远说不准，结果一小时多一点就到达。

桐乡为什么叫桐乡？和我一起去的韩韬兄以为，是苏东坡在《浣溪沙·忆旧》中提到的“桐乡立祠”的桐乡。但那个桐乡是安徽桐城，这个位于浙江。之所以叫这个名字，是因为这里从前种了很多桐树。当今，桐树都不见了。

桐乡境内的石门湾，就是缘缘堂所在地。小镇情怀已被建筑得杂乱无章的村屋所破坏。天下着大雨，我们没有停下。在大井路 1 号，我们找到了缘缘堂。

虽然这是我第一次到访，但从文字记录和纪录片的影像中，我已对缘缘堂有了一些了解。我对这里好像非常熟悉，但心中还是非常激动。

撑着伞踏入花园，看见丰先生的铜像，这是上海雕塑家曾路夫的作品。缘缘堂，的确如前人所说：“全体正直，高大、轩昂、明爽，具有深沉朴素之美。”

原屋是丰先生亲自设计并按他独特的审美要求建筑的，配合了小镇的古风。构造是中国式的，取其坚固坦白；形式则用近代单纯明快。奢侈、烦琐、无谓的布置与装饰，一概不入。

起屋时，丰先生身在上海，聘请了镇上一个颇有办事能力的人督工，但这个人太过有能力了，为了俭省，依地形弄得墙角不太正直。丰先生看后很不高兴。他认为，环境支配文化，只有光明正大才可以涵养孩子们的天真乐善。他说：“怎能留一幢歪房子给子孙后代？”

丰先生坚持拆了再起，这在当年的石门湾成为奇谈，说这才是“正直人住正直屋”。

我们参观缘缘堂时，必须抱着尊敬丰先生的态度去欣赏。因为这一座是仿制的，原本的缘缘堂已毁于战火。我们看到的这座是由丰先生好友广洽法师斥资三万人民币，加上桐乡政府的三万资助，在 1985 年重建的。

好在，经过了三十多年的岁月，院子里的芭蕉和竹子都已长成，屋后那根丑陋的电线杆，也被爬藤包裹成巨大的绿柱。这也许是丰先生在天上的指示，各位有机会参观时可以留意一下。

大门上方，有块门匾，写着“欣及旧栖”四个字，是丰先生的笔迹。是什么意思呢？古时的大户人家，在大门上总是写着“四代同堂”之类的俗气句子。虽然丰先生自己设计了缘缘堂，但有了新屋不忘老祖屋，他认为新旧一样好，住了一样高兴，所以题了这四个字。

缘缘堂中有两副对联，一幅是弘一法师的“欲为诸法本，心如大画师”，取自《华严经》的“心如工画师，能画诸世间，五蕴悉从生，无法而不造”。

另一幅是丰先生所题“暂止飞乌将数子，频来语燕定新巢”，取自杜甫的《堂成》。诗人用飞鸟春燕筑巢来比拟自己领着妻儿到草堂安居，丰先生借他的句子来形容自己的心情。

缘缘堂的主屋是座两层楼的建筑，楼下是大厅，走上二楼，中央房为画室，东边那间是丰先生的卧室。见到床，韩韬兄问为什么那么小，我回答：“你还没有看过上海故居日月楼那一张。”

后间用来接待姑母和二姐，中间设有走廊，西面为丰先生姐姐丰满的卧室，后面隔出一小间当佛堂。三姐丰满是新式女子，当过校长，但也信佛。她凭媒妁之言嫁至一封建家庭，终因格格不入而离婚，但此时已怀孕。她的女儿自出生就一直和丰先生住在一起，丰先生也当她为己出。

丰满后来也皈依佛门，拜师弘一法师，法名“梦忍”。佛堂上本来有丰先生亲手以一百零八笔画的菩萨，也在战火中被毁灭。当今在重建的缘缘堂佛堂上供奉的那幅观音，是丰先生女儿丰一吟画的。

缘缘堂之缘（下）

“缘缘堂”的名字如何得来？读者们也许都知道了：在 1927 年农历九月二十六，丰子恺先生虚岁三十那天，弘一法师到他执教的教舍来做客。这天，他皈依佛门，做了一名居士，法师给他取名“婴行”。

丰先生这时已经决定要为自己建一永居的住所，不知要叫什么名字。法师叫他用几张小纸写上自己喜爱的字，搓成小纸球，在佛像前撒开选择。结果拆开来的两次，都是同一个“缘”字，故以此称之。后来，丰先生的杂文集，也叫《缘缘堂随笔》了。

新居建起，请尊敬的马一浮先生题字。今天我们看到的隶书匾额，也是用马先生的字重新刻出来的。但不是每一样东西都是假的，在门匾“欣及旧栖”下面有一件绝无仅有的遗物，那就是被烧焦的两扇大门，是丰先生侄女丰桂在劫灰余烬中抢救出来的。

在缘缘堂旁边，兴建了“丰子恺纪念馆”，展出丰先生人生各个阶段的照片和文字记载。我们一一仔细重温，只是后来到了“文化大革命”那一部分，不忍看下去，匆匆跳过，冒雨冲出馆外，让雨水冲到我脸上。

在纪念馆的走廊里也陈列着中国历年来的漫画家史迹，有心的话可以仔细观赏。到了走廊尽头，又放慢了脚步，因为馆内也让当今的画家开展览，当天看到的是王春江的作品，题为《私话图》。画上两个态度安详的老者，抱着一块巨石闲聊，地下还有两只小猫，一黑一白，也做私语状。线条简单，深有意境和情趣，很配合丰先生的作风。

王春江是山东人，今后当然想看到他更多的作品。

纪念馆的小卖部中，有很多丰先生的著作和画集，我虽然早已收集齐全，但也买了一些用来送朋友。另外有裱好的木版水印字画，非常精美，我也购入多幅。

还有印着丰先生画的杯杯碟碟，看到爱不释手，加上几套茶具，全要了。最后看见印有丰先生漫画的火柴盒，也不放过。花了不少钱，当成化缘吧，聊表心意。

纪念品架上，挂着一对双鱼，是用蓝花布做的，美得不得了。忽然想起，丰家祖业是开染布厂的，丰先生还穿着长袍和子侄辈一起在染布厂前面拍了一张照片，照片中可以清楚地看到“丰同裕染坊”的招牌。

“染布厂已经搬到另一个地方，现在还开张，我可以带你们去看。”纪念馆馆长吴浩然说。

太好了。大雨之下，来到一个大门前，招牌上写着“丰同裕染坊”。从大门走进去，看见一个展示厅，后面有院子，搭着高架，是晒布的地方。院子中有棵枇杷树，长着幼小的果实，再后面就是染布的厂房。

去的那天是星期日，没人开工。导游小姐很亲切，回答我们的种种问题。我问：“最重要的原料是什么？”

“黄豆。”

听她这么一说，兴趣来了。原来桐乡这种传统的工艺，与其他蜡染染法完全不同，一点也不繁复，简单明了：取一张版纸，刻出花纹，印在布上，镂空的部分用黄豆粉加上石灰盖住，就浸在蓼蓝草的染料里面，染色之后把黄豆粉和石灰刮走，清洗后即成。

染出来的成品蓝白相间，蓝得很浓烈，白得非常纯洁，花纹造型朴拙，让人一看就喜欢。想起微博的网友“莲子清如许”，她是位中西结合的医师，闲时喜欢把草药塞在包包里面，医治有头痛的人。包包用的尽是蓝花布，因为她是一个“蓝花布迷”。

“如果有自己的图案，你们也可以代染吗？”我问。

对方点头。这下子可乐了。“莲子清如许”可以不必东找西找，她要怎样的布，请“丰同裕”代劳可也。

在大厅中展示着许多成品，像蓝花的雨伞、布包、床单等。桐乡还有一个传统工艺——手工布鞋，做得很软、很耐用。韩韬兄的太太很喜欢，买了数双。

用蓝花布做的旗袍也非常之漂亮大方，为什么时装设计师不多往这方面着想？看到有件旗袍是红色的，原来用同样方法，也可以做出各种不同的色彩，用的染料也都是纯天然的。

前往杭州机场的路上，本来可停在“桂花村”吃一顿饭，据说菜不错，但我们担心公路堵车，一路赶去，直到公路进口附近才放下心找吃的。哪里有什么餐厅？只是一家家为货车司机服务的快餐店。我选择了门前停车最多的一家，名叫“琴悦饭店”。

走进去，条件当然简陋，但食材摆着让我们选择，蔬菜是在后花园种的。那里的茼蒿香味，已是几十年未尝过的。另外要了七八样菜，大鱼大肉，连啤酒，埋单才一百六十元人民币，像时光倒流。

泰　山

泰山距济南不过一个小时多的车程，住在济南的朋友对我说，他们一生去过泰山无数次。

我是抱着期待的心情来登泰山的，但友人说：“泰山并不高，只有一千五百四十米。它也不是特别雄伟，看了别失望。”

不管大家怎么说，我是不会后悔来到泰山的。从小，我就听过“有眼不识泰山”“稳如泰山”“泰山压顶不弯腰”“人固有一死，或重于泰山，或轻于鸿毛”这些话。

文人如孔子、曹植、李白、杜甫和苏东坡，哪一个没来过？还有那些皇帝，个个都要登上泰山，向上天报告他们即位。

皇帝来的时候当然不用自己爬，有人用轿子把他们抬上去。当今更舒服，可以乘缆车。泰山分前山和后山，如果能一上一下，两边都坐，便能把泰山看个清楚。

山顶有条小街，一旁有客栈、餐馆及租军大衣的地方，都是为早上来看日出的客人服务的。印象最深的是山上的饼。烙饼的工具是一块圆形的大铁板，外围是把手，可以转动它。铁板下生火，从上面倒下面浆，再用一根地拖形的木器把没烧熟的面浆铲起，一张圆饼就那么制成。包一条小葱，加黑面酱，就那么“啃吃啃吃”地一口口塞进肚。

去到哪儿都少不了卖纪念品的，山上最多的是卖石头的，石上多刻着“泰山石敢当”五个字。小时候不懂其意，以为拿了泰山的石，也敢拿去当铺撒野。原来不对。正确的说法是，泰山有个人姓石，名敢当，勇猛得不得了，恶魔看到他也要避开，所以后人在石上刻他的名字，放在墙角，据说能辟邪。我也即刻买了一块。

鬼怪事，已落伍；要辟的话，辟些惹是生非的八婆可也。